翡翠鉴定及营销

主 编 黄德晶 周 燕
副主编 胡楚雁 吴华洲

FEICUI JIANDING JI YINGXIAO

中国地质大学出版社
ZHONGGUO DIZHI DAXUE CHUBANSHE

图书在版编目(CIP)数据

翡翠鉴定及营销/黄德晶,周燕主编;胡楚雁,吴华洲副主编. —武汉:中国地质大学出版社,2017.12(2020.9重印)

ISBN 978-7-5625-4260-5

Ⅰ.①翡…

Ⅱ.①黄…②周…③胡…④吴…

Ⅲ.①翡翠-鉴定-中国②翡翠-市场营销-中国

Ⅳ.①TS933.21②F724.787

中国版本图书馆 CIP 数据核字(2018)第 065341 号

翡翠鉴定及营销		黄德晶　周　燕　主　　编
		胡楚雁　吴华洲　副主编

责任编辑:彭钰会　张　琰	选题策划:张　琰	责任校对:周　旭

出版发行:中国地质大学出版社(武汉市洪山区鲁磨路 388 号)　　邮政编码:430074
　　　电　话:(027)67883511　　传真:67883580　　　　　E-mail:cbb@cug.edu.cn
　　　经　销:全国新华书店　　　　　　　　　　　　　　　http://cugp.cug.edu.cn

开本:787 毫米×960 毫米 1/16	字数:206 千字	印张:10.5
版次:2017 年 12 月第 1 版	印次:2020 年 9 月第 2 次印刷	
印刷:武汉中远印务有限公司	印数:1001—2000 册	
ISBN 978-7-5625-4260-5		定价:58.00 元

如有印装质量问题请与印刷厂联系调换

21世纪高等教育珠宝首饰类专业规划教材

编 委 会

主任委员：
  朱勤文 中国地质大学（武汉）党委副书记、教授

委　　员（按音序排列）：
  毕克成 中国地质大学出版社社长
  陈炳忠 梧州学院艺术系珠宝首饰教研室主任、高级工程师
  方　泽 天津商业大学珠宝系主任、副教授
  郭守国 上海建桥学院珠宝系主任、教授
  胡楚雁 深圳职业技术学院副教授
  黄晓望 中国美术学院艺术设计职业技术学院特种工艺系主任
  匡　锦 青岛经济职业学校校长
  李勋贵 深圳技师学院珠宝钟表系主任、副教授
  梁　志 中国地质大学（武汉）珠宝学院党委书记、研究员
  刘自强 金陵科技学院珠宝首饰系主任、教授
  秦宏宇 长春工程学院珠宝教研室主任、副教授
  石同栓 河南省广播电视大学珠宝教研室主任
  石振荣 北京经济管理职业学院宝石教研室主任、副教授
  王　昶 广州番禺职业技术学院珠宝系主任、副教授
  王莆锐 海南职业技术学院珠宝专业主任、教授
  王娟鹃 云南国土资源职业学院宝玉石与旅游系主任、教授
  王礼胜 石家庄经济学院宝石与材料工艺学院院长、教授
  肖启云 北京城市学院理工部珠宝首饰工艺及鉴定专业主任、副教授

徐光理　天津职业大学宝玉石鉴定与加工技术专业主任、教授
薛秦芳　原中国地质大学(武汉)珠宝学院职教中心主任、教授
杨明星　中国地质大学(武汉)珠宝学院院长、教授
张桂春　揭阳职业技术学院机电系(宝玉石鉴定与加工技术教研室)系主任
张晓晖　北京经济管理职业学院副教授
张义耀　上海新侨职业技术学院珠宝系主任、副教授
章跟宁　江门职业技术学院艺术设计系副主任、高级工程师
赵建刚　安徽工业经济职业技术学院党委副书记、教授
周　燕　武汉市财贸学校宝玉石鉴定与营销教研室主任

特约编委：
　　刘道荣　中钢集团天津地质研究院有限公司副院长、教授级高级工程师
　　　　　　天津市宝玉石研究所所长
　　　　　　天津石头城有限公司总经理
　　王　蓓　浙江省地质矿产研究所教授级高级工程师
　　　　　　浙江省浙地珠宝有限公司总经理

策　划：
　　毕克成　中国地质大学出版社社长
　　梁　志　中国地质大学(武汉)珠宝学院党委书记、研究员
　　张晓红　中国地质大学出版社副总编辑
　　张　琰　中国地质大学出版社珠宝文化中心主任

改版说明

——记庐山全国珠宝类专业教材建设研讨会之共识

中国地质大学出版社组织编写和出版的《高职高专教育珠宝类专业系列教材》从2007年9月面世。为了全面了解这套教材在各校的使用情况及意见，系统总结编写、出版、发行成果及存在问题，准确把握我国珠宝教育教学改革的新思路、新动态、新成果，中国地质大学出版社在深入各校调研的基础上，发起召开了"全国珠宝类专业课程建设研讨会"的倡议，得到各校专家的广泛响应。2010年8月10日～13日，来自全国27所大中专院校的48位珠宝教育界专家汇聚江西庐山，交流我国珠宝教育成果，研讨课程设置方案，并就第一版教材存在的问题、新版教材的编写方案等达成以下共识。

一、第一版教材存在的问题及建议

按照2005年、2006年商定的编写和出版计划，《高职高专教育珠宝类专业系列教材》编委会共组织了十多所院校的专家参加编写，计划出版20本，实际出版12本，从而结束了高职高专层次珠宝类专业没有自己的成套教材的历史。在编写、出版、发行过程中存在的主要问题是：

（1）整套教材在结构上明显失衡，偏重宝玉石加工与鉴定，首饰设计、制作工艺、营销和管理方面的教材比重过小。已经出版的12本教材中，属于宝石学基础、宝玉石鉴定方面占2/3，而属于设计、制作工艺、管理及营销方面的只占1/3，不能满足当前珠宝首饰类专业人才培养的需要。造成这种状况的一个重要原因是，编委会所组织的参编学校中，结晶学、矿物学、岩石学教学条件普遍较好，宝石加工、鉴定师资力量较强,而作为首饰设计、制作工艺基础的艺术学和作为经营管理基础的管理学教学条件相对薄弱。因此建议在改版时加强薄弱环节,并补充急需的教材选题。

(2)编写计划在各校实施不平衡,金陵科技学院、安徽工业经济职业学院、上海新侨学院、上海建桥学院等院校较好地完成了预定编写计划。但有些学校由于各种原因,计划实施得并不顺利,有些学校甚至一本都没有完成,造成有些用量很大而极其重要的教材至今仍然没有出版,影响了正常的教学需要。因此建议改版时将这些选题作为重点重新配备编写力量,以保证按时出版。

(3)或多或少都存在着内容重复或缺失现象。调查发现,有的内容多本教材涉及,但又都没交代清楚,感觉不够用;而有的重要内容,相关教材并未涉及。造成这种状况的一个重要原因是,主编单位由编委会指定,既没有发动各校一起讨论编写大纲,也没有组织编委会审稿,主要由主编依据本校教学要求编写定稿,无法充分考虑其他学校的具体要求和吸收各校的教学成果。因此建议加强各校之间的交流,改版时主编单位拟好编写大纲后要广泛征求使用单位的意见,编委会要对大纲和初稿审查把关,以确保编写质量。

二、新版教材的编写方案

(1)丛书名称改为《21世纪高等教育珠宝首饰类专业规划教材》,以适应服务目标的变化。第一版的目标定位是以满足高职高专教育珠宝类专业教学需要为主,兼顾中职中专珠宝教育及珠宝岗位培训需要。当时根据高职高专教育主要培养高技能人才的目标要求,提出了5项基本要求:以综合素质教育为基础,以技能培养为本位;以社会需求为基本依据,以就业需求为导向;以各领域"三基"为基础,充分反映珠宝首饰领域的新理念、新知识、新技术、新工艺、新方法;以学历教育为基础,充分考虑职业资格考试、职业技能考试的需要;以"够用、管用、会用"为目标,努力优化、精炼教材内容。

这几年,珠宝教育有了比较大的变化,社会对珠宝人才的需求也有变化,其中上海建桥学院、南京金陵学院、梧州学院等院校已经升格为本科,原来的目标定位和编写要求已经不合适。为此,编委会经过认真研究,决定将丛书名改为《21世纪高等教育珠宝首饰类专业规划教材》,以适应培养珠宝首饰行业各类应用人才的需要,同时兼顾中职中专及岗位培训的需要。在内容安排上,要反映珠宝行业的新发展和珠宝市场的实际需求,要反映新的国家标准,突出实际操作和应用能力培养的需求。

(2)调整和充实编委会,明确编委会职责,增强编委会的代表性和权威性。与会代表建议,在原有编委会组成人员的基础上,广泛吸收本科院校、企业界的专家参与,进一步充实编委会,增强其权威性。在运作上,可以分成两个工作组,一个主要面向研究型人才培养的,一个主要面向应用型人才培养的。编委会的主要职责是:①拟定编写和出版计划、规范、标准等,为编写和出版提供依据;②确定主编和参编单位,审定编写大纲,落实编写和出版计划;③审查作者提交的稿件,把好业务质量关;④监督教材编辑出版进程,指导、协调解决编辑出版过程中的业务问题。

(3)按照分批实施、逐步推进的思路确定新的编写计划。编委会计划用3年时间构建一个"21世纪高等教育珠宝首饰类专业规划教材"体系,整个体系由基础、鉴定、设计、加工、制作、经营管理、鉴赏等模块组成,每个模块编写3~6门主干课程的教材,共计编写、出版教材32种。与原来的体系相比,新体系着重加强了制作(8种)、设计(4种)、经营管理(4种)等模块的分量,并增列了文化与鉴赏方面的教材。会上,按照整合各校优势、兼顾各校参编积极性的原则,建议每种教材由一两所学校主编,其他学校参编;基础好的学校每校可以主编两三种教材,参编若干种。

三、固化会议形式，建立固定交流平台

与会专家认为，随着珠宝行业的快速发展，我国珠宝教育有了长足的进步，开办珠宝首饰类专业的学校也越来越多，但是由于业界没有一个共同的交流平台，相互之间缺乏沟通，无法相互取长补短、共同提高。这次中国地质大学出版社牵头，把相关学校召集在一起交流经验，探讨专业建设和教材建设大计，为我们搭建了很好的平台，意义非凡而深远，为珠宝教育界做了一件大好事，由衷地感谢中国地质大学出版社，同时也希望中国地质大学整合珠宝学院和出版社的力量，牵头建立全国性的珠宝教育研究组织，作为全国珠宝教育界联系和交流的平台，每一两年召开一次会议。承办单位和地点，可以采取轮流承办的办法，由会员单位提出申请，理事会确定。

《21世纪高等教育珠宝首饰类专业规划教材》编委会
2010年7月6日于武汉

自　序

自从接到了这本书的编写任务,我就一直在思考如何才能写出适合高职学生学习的教材。任教几年来,我愈来愈发现高职学生的特点:他们聪明但不善于学习,他们排斥大片的文字,讨厌理论课。那么,如何利用风趣的故事、实例讲清概念和知识点呢?如何才能让教材真正做到图文并茂呢?如何用简单易懂的语言让学生有兴趣地读下去呢?这是我需要思索的地方。

翡翠的文化历史源远流长,在这样的文化熏陶下,爱玉、玩玉、买玉、藏玉、思玉的翡翠人越来越多。大家想要了解翡翠,而我们也需要就翡翠的销售向大众普及一定的知识。可以说翡翠知识是一门综合性很强的学问,翡翠的销售技巧更是理论与实践的完美结合。

如今,翡翠市场快速发展,销售从传统到线上线下相结合,再到与其他行业的跨界联合,异军突起。市场行情在波动,工艺在进步,处理方法在更新,翡翠的品种也在增加。因此,我们的知识也需要不断地更新,而只有到市场去实践一番,再结合实践理解书中的知识,才能成为真正喜欢翡翠、了解翡翠的翡翠人。

本书的出版离不开各位参编老师的大力支持,同样离不开我的同事、朋友的友情赞助。每一张图片、每一段点评、每一个善意的建议都让我永远感恩于心。最后,感谢中国地质大学出版社的支持与合作,希望本教材能满足高职学生、初入职场的导购员和那些爱翡翠之人的需求。

黄德晶

2016 年 12 月

前　言

有些同学提出："作为一名翡翠的销售人员，可否只要了解销售的一些技巧就行了？"我的回答是："短期内或许可以，但长期下去对自己的职业生涯以及事业的发展是绝对有影响的。"

翡翠，不是普通的大众化商品，是稀有贵重商品，价值不菲，这就意味着消费者不能像买一盒饼干那样随意，买到不合适的口味，大不了下次换另一个。实际上，不论是资深买家还是对翡翠一知半解的买家，在购买价值不菲的翡翠前，往往会对翡翠做一番功课，或深入市场、走访比较、学习，或在网上了解相关知识之后才会慎重购买。

早期的翡翠市场比较混乱，真假难分、以次充好，给消费者留下了不太好的印象。消费者担心买到假，又担心买贵，即使有着强烈的购买欲望，也不敢轻易购买。这时候销售人员就需要展示自己的专业素养，用正确、扎实的知识回答买家的疑虑，才能使买家信服，而如果胡乱解释一通，很有可能失去买家的信任。

正所谓"黄金有价，玉无价"，翡翠的文化底蕴让翡翠不仅仅以物质的形式存在，更成为了人们的一种情感表达方式和精神寄托，因而人们也无法用常规的市场尺度去衡量它。交易中正确看待翡翠的核心价值，营造玉文化，向买家宣传、传播传统玉文化，激发他们的购买欲望是销售的重要环节。

作为一名翡翠销售人员，首先，要对翡翠的基本知识有全面的了解，如翡翠是如何评价的、如何鉴定的，不同的玉石与翡翠有什么不同等等，这些是从事翡翠销售的基础。其次，要对翡翠的历史背景和文化内涵有全面而深刻的认识，这是销售的重要因素。最后，还要掌握买家的购买心理，销售的实用技巧，才能有针对性地进行引导和推销。

目 录

第一章 文化识翠 / 1

一、翡翠的中国文化 /1

二、翡翠的历史 /2

三、翡翠备受人爱的原因 /5

四、慧眼识翡翠 /6

五、云南玉、缅甸玉与翡翠 /7

六、赌石文化 /8

第二章 翡翠品质的评定 / 11

一、观色 /11

二、品种 /21

三、翡翠的"地" /24

四、雕刻工艺评价 /28

五、翡翠的瑕疵 /35

第三章 翡翠的鉴别 / 41

一、翡翠的矿物组成 /41

二、翡翠的宝石学特征 /42

三、翡翠的A货、B货、C货、B+C货 /49

四、处理翡翠B货、B+C货的鉴别特征 /52

五、残留抛光粉较多的翡翠　/59

六、与翡翠伴生的玉石　/61

七、浸蜡的翡翠　/64

第四章　翡翠与其仿制品的鉴别　/ 69

一、常见的翡翠仿制品的种类　/69

二、翡翠及其仿制品的鉴定　/78

第五章　翡翠市场交易　/ 94

一、翡翠交易的几个重要场所　/94

二、玉无价，如何看待玉价的不确定性　/98

三、翡翠的定价　/102

四、翡翠市场的交易特征　/103

第六章　翡翠交易市场介绍　/ 112

一、缅甸翡翠交易市场介绍及交易特点　/112

二、云南翡翠交易市场概况及交易特点　/119

三、广东翡翠交易市场概况及交易特点　/132

四、河南南阳翡翠市场介绍　/145

第七章　做一名优秀的导购员　/ 146

一、优秀导购员的标准　/146

二、销售过程解说　/146

三、正确识别消费者的购买需求　/147

四、一些实用的销售技巧　/153

第一章 文化识翠

"玉"字始于我国最古老的文字描述。玉,在我国有着悠久的历史。

古人曾说"黄金有价玉无价""藏金不如藏玉"。中国人爱玉,不仅仅是因为它的稀有或美丽的外观,而是有着更深一层的社会价值。纵观历史,"玉"的内涵丰富,玉器在历史、政治、文化、道德、宗教等各方面起着特殊的作用,早已超越了单纯的工艺品范畴。中国的玉器和玉文化与宗教信仰、民族精神及人们内心的深层意识是紧密联系在一起的。

中国的玉器有着物质文化遗产和非物质文化遗产的双重特征,它表征的是一种古老的技艺,却又记录着许多的历史和当下的文化;它是古老文明的象征,又是时代发展的反映,还是现实社会的载体。精美的玉雕作品就如同经典的文学著作、广为传唱的歌曲一样,不管在现在还是将来,都是一种缅怀过去、认识历史、滋养精神、弘扬文化的重要媒介。

从文化上认识玉,认识翡翠,才能深刻体会到它们的魅力,认可它们的价值。

1. 认识翡翠中的中国文化。
2. 了解翡翠的发现与发展。
3. 理解为什么消费者喜欢绿色的石头。
4. 慧眼识翡翠,区分含糊不清的玉石概念。
5. 区别"云南玉"与"缅甸玉",了解翡翠的产地。
6. 了解赌石文化的魅力。

一、翡翠的中国文化

谈起文化,很多人会联想到文学著作、音乐、美术等与研究创作有关的事物,其实这并不全面。文化还是代代累积沉淀、渗透在生活与实践中的习惯和信念。爱玉、玩玉、赏玉、品玉、懂玉、藏玉便是深深融入在人们生活中的文化。

玉石文化无处不在,"金玉满堂""金口玉言""冰清玉洁""宁为玉碎,不为瓦全"等与玉相关联的诗词佳句随处可见,而翡翠作为"玉石之王"更是被人们所喜爱。

日常生活中,人们通过佩戴翡翠饰品来装饰自己,希望所佩戴的翡翠能够为自己祈福、避邪;会亲访友、谈婚论嫁时也常以翡翠作为礼物;家中长辈也常以家传数代的老玉镯子为血脉传承的载体。爱翡翠、玩翡翠、藏翡翠、研究翡翠者比比皆是,其中不仅有收藏家、鉴赏家,还有寻常的百姓人家。可见,中国传统文化在翡翠身上体现得淋漓尽致。

人们所佩戴的翡翠雕件中最常见的有弥勒佛和观音。人们认为这两种翡翠雕件能给佩戴的人带来福顺、安宁、康泰,使人逢凶化吉、消灾避难。俗话说"穿金显富贵,戴玉保平安",在翡翠中承载着佛文化和祈福文化正是玉文化与中国传统文化完美结合的表现。

如今,人们在欣赏翡翠时,不仅仅关注它晶莹剔透、青翠欲滴的外表,更注重它所蕴含的中国传统文化,这就是几百年翡翠文化的沉淀。

二、翡翠的历史

(一)"翡翠"一词的来历

"翡翠"一词,最早是一种鸟的名字。腾冲人叫它翡翠鸟,也叫打渔郎。这种鸟儿毛色十分美丽,通常有蓝、绿、红、棕等颜色,一般雄鸟为红色,谓之"翡",雌鸟为绿色,谓之"翠",常在水边捕鱼,或是雌雄双双栖息于丛林中。用它们美丽的翠羽制成的首饰光彩夺目。到了清代,翡翠鸟的羽毛作为饰品传入宫廷,深受皇宫妃嫔的喜爱。她们或将其插在头上作为发饰,或用羽毛镶嵌做珠宝首饰,故制成的首饰名称都带有翠字,如钿翠、珠翠等。与此同时,大量的从缅甸进贡的玉石进入皇宫深院,为慈禧太后、贵妃们所喜爱,由于其颜色也多为绿色、红色,与翡翠鸟的羽毛色相同,故人们称这些缅甸玉为"翡翠",渐渐地此名在中国民间也就流传开了。从此,"翡翠"这一名词就由鸟禽名转为玉石的名称了。

(二)翡翠的历史与发展

1. 翡翠的问世

最早发现翡翠的人据说是明朝时期云南腾冲的一名驮夫。在一次运货的途中,商人为了让马驮两边的重量相同,在返回腾冲(或保山)的途中(今缅甸勐拱地区)随手从地上捡起一块石头放在马驮上。回家后,商人随手把捡来的石头扔到了马厩里,之后有一天忽然发现这块原本不起眼的石头竟微微透露出一丝绿色。于是,商人请玉匠解开石头,发现这块石头确实碧绿可人。后来,驮夫又多次到产出石头的地方捡回很多石头到腾冲加工。此事传播开后,便吸引了更多的云南商人去找此种石头,然后加工成成品经过滇粤运往京沪等地,这种绿色的石头就是人们后来所说的翡翠。

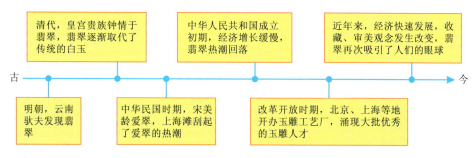

图1-1　翡翠的发现与发展

2.最早引领翡翠潮流的女性

提起翡翠,不得不提到两位在历史上重要的女性——慈禧太后和宋美龄。

在清代以前,玉石主要是以白玉为代表的软玉。中国有八千年的玉文化,清代以前,人类传承的是白玉文化,而当来自缅甸的晶莹通透的翡翠进入清朝宫廷之后,一股绿色的时尚骤然兴起,并一发不可收。翡翠因其丰富的色彩内涵和优良的质地很快赢得了上至皇亲国戚、下至平民百姓的青睐。短短的百年时间,翡翠取代了白玉,获得了"玉石之王""帝王玉"的美称,继承了中国几千年来的传统玉文化,这与清朝统治者对它的青睐,与慈禧太后的爱翠是有密切关系的。

慈禧爱玉,喜欢用玉饰,拥有很多的珍贵玉器,当时的达官贵人向太后进贡宝玉来博取慈禧的赏识,以期得到提拔和重用。传说有一次,使者进贡了很多精美的珠宝玉石给慈禧太后,令人意外的是,其他的钻石头饰没能吸引慈禧太后的目光,一块小而精美的绿色石头却博得了慈禧太后的欢心,这块绿色的石头就是翡翠。慈禧太后对翡翠的喜爱超过了其他珍宝,传说慈禧太后有一枚高质量的翡翠戒指,是琢玉高手依照玉料的色彩形态雕琢而成的精致逼真的黄瓜形戒饰;另外,她的满族头饰全由翡翠及珍珠镶串而成,制作精巧,能使每一颗翡翠或珍珠单独活动(图1-2)。慈禧手腕上戴的是玉镯,手指上套着10cm长的玉扳指。饮茶用的是玉碗,用膳用的是玉筷、玉勺、玉盘。

20世纪30年代,女性的服饰仍是以旗袍为主,高贵的翡翠首饰配合雍容华贵的旗袍,可谓相得益彰,上流社会的名媛淑女以佩戴翡翠首饰作为时尚及身份的标志,这便开启了翡翠流行的黄金时代。

图1-2　慈禧太后　　　　　　图1-3　百岁宋美龄与翡翠情缘

宋美龄作为中华民国时期的第一夫人,她对翡翠的痴迷一如慈禧太后。据北京掌故大王陈重远的著作中介绍,20世纪30年代中期翡翠大王铁宝亭亲自制作了一对翡翠麻花手镯以4万银元的价格卖给了上海青帮头子杜月笙,宋美龄见杜月笙夫人戴的这副翠镯十分美观,套在其白嫩的手腕上,显得娇艳非凡,便拿在自己手里看了又看,杜月笙夫人见状便顺水推舟,将这对翠镯送给了她。时隔半个多世纪的今天,国际市场上翡翠价格飞涨,当前宋美龄这对稀有的、美丽的翡翠麻花手镯的估价已达到4000万港币的天价。

1997年宋美龄100岁生日宴会时,这位梳着传统发髻身着黑色旗袍的一代名人出现在众多宾客和媒体面前时,人们为之一震,只见她佩戴着整套翡翠首饰——翡翠耳钉、珠链、手镯、戒指(图1-3)。整套翡翠首饰颜色质地均属极品,在整套翡翠饰品的装扮下,虽已是百岁老人的宋美龄看上去仍是那样雍容华贵,仪态大方,尽显高贵气质。

这两位女性对翡翠的喜爱,无形中传承了翡翠文化,推动了翡翠的市场化,对翡翠从达官贵人走入寻常百姓家起到了不可磨灭的推进作用,并使得翡翠发展至今,深受人们的喜爱。

3. 潮起潮落

回顾翡翠的发展史,我们发现翡翠早期的发展不尽人意,而是花了几十年的时间才逐渐让消费者理性地对待。可以说翡翠市场经历了复苏、振兴、上升、回落、又上升的振荡式发展全过程。

随着中国经济的腾飞,北京、上海等地玉雕厂相继建立,一代又一代的杰出玉雕人才脱颖而出,经过进一步与中国传统玉文化的完美结合和包装,翡翠再度闪亮登场,被越来越多的人们认识和推崇。

30年来,翡翠价格节节攀升。据权威调查部门统计的数据来看:全国翡翠销量以每年25%～35%的速度在递增,中国成了世界上最大的翡翠市场,前景越来越好。同时,以欧元结算的翡翠矿石原料近几年来的价格幅度几乎翻了一倍,高档翡翠玉器价格的涨幅也较以前攀升了45%左右,翡翠被人们喻为"疯狂的石头"。

然而,从2011年底开始,翡翠市场出现了销售疲软的态势,疯狂不再,翡翠价格开始下降,翡翠的收藏价值一度受到影响。其实,我们应该理性地看待翡翠的市场行情。

4. 价值回归,理性看待

翡翠润泽晶莹、色彩绚丽,非常契合中国人的审美传统和眼光。因行情一直被看好,所以一时间其他领域的资金不断涌入,一些投机行为也使这个行业遭遇了一时的不正常;与此同时又遇到世界经济不景气、政治大环境等因素的影响,翡翠行业又面临着新的挑战。

压力源于多方面。连续几年,缅甸翡翠公盘开设次数逐渐减少,对买家身份进行多方的限制,并逐渐提高关税,很多原料无法顺畅地进入国内,一些玉商被迫放弃已经标到的原料;高端货品料子奇缺,造成成品价格持续上涨;受国内政策的影响,原有的高端翡翠投资者不敢轻易出手;新一代的消费者消费理念、审美情趣悄然发生了变化,原创设计的雷同贫乏,翡翠工艺的粗制滥造,翡翠A、B、C货的鱼龙混杂,这些因素都给翡翠行业带来了巨大的挑战。

但是,任何事情都有利有弊的。大环境的不景气使得炒作者不见踪影,市场又恢复了往日的平静。翡翠价格的下降,属于价值的理性回归。无论是翡翠商家还是翡翠爱好者,大家都需要目前这种稳定、理性的市场氛围。

玉在中国人心中有着根深蒂固的情缘,玉在中国有着几千年的历史文化基础,在传统文化这样的原动力下,在目前平稳的价位基础上,抛开翡翠的资源性不可再生不说,翡翠仍有不小的价位空间。由于翡翠资源的不可再生性,"退烧"后的翡翠行情仍能保持目前的稳定状态,实属必然,物以稀为贵永远是硬道理。

三、翡翠备受人爱的原因

中国人历来对绿色的石头情有独钟,绿色最符合中国人的审美情趣,这是为什么呢?

图1-4 逐渐演变的消费观

其实早在清朝以前,我国流传的是以白色为美的白玉文化。但自清朝以来,在传承传统白玉文化的同时,以绿色为美的翠文化观也逐渐流行。绿色作为一种新潮和时尚逐渐被人们认同。为什么传承了几千年白玉文化观念的中华玉石文化仅在短短的200余年的清朝以后就随着翡翠的出现发生了迅速的改变呢?

有人认为翡翠的出现与社会背景有着密切的关系。北方到了冬季白雪皑皑,万物寂静,生命犹若停止一般,只有到了春天,万物复苏,草原上小草重新发芽,大地出现了绿色,生命重新开始,人们才可以走出户外进行畜牧与劳作。因此,北方民族把绿色的出现当作生命复苏象征,更加渴望绿色。而翡翠本质鲜艳亮丽的绿色犹如生命的体现,这与满族人民对绿色的渴望不谋而合。故而这种绿色的翡翠成为了时尚,上至皇宫贵族,下至普通百姓,都喜欢上这种绿色的石头。

此外,历史上著名的翡翠玉器诸多,如段家玉、绮罗玉、官四玉、正坤玉、王家玉、"翡翠大王"、"毛员外"等,再加上慈禧太后、宋美龄收藏和佩戴的翡翠,那些在当时的极品绿色翡翠奠定了如今的美玉衡量尺标。所以,这种追求绿色的品位一直延续到了今天,深深地影响着消费者,从认为"绿色的玉石才值钱"到"只有绿色的翡翠才是真的翡翠"等等观念层出不穷,正是所谓的"外行人看色"。

四、慧眼识翡翠

许多消费者喜欢翡翠,想买翡翠,买到了自己喜欢饰品的消费者高高兴兴地离开,不懂得如何选购、如何分辨真假的消费者在徘徊之后遗憾离开。

通过调查还发现,大多数的消费者对玉的认识度不高,对玉石的概念混淆不清,他们把所有玉石都统称为玉,更别说区分真假、优劣了。

其实天然玉石是一个非常大的家族,包含了各种不同的种类。这些种类的成分不同,结构以及外在特征也不同,当然价值也是不同的。传统上,玉石可以分成高档玉石和中、低档玉石(图1-5)。

(1) 高档玉石，指长期以来市场上认可度较高、产地稀少、品质较高、价值相对较高的玉石品种。目前国际市场上以翡翠与和田玉两大类为主。

(2) 中、低档玉石，常见的中、低档玉石有玛瑙玉髓类、石英岩玉、岫玉、独山玉等。很多消费者认为中、低档玉石价格低廉、不美丽，其实很多中档玉石的玉质感很好，例如玛瑙，业内就有"千种玛瑙，万种玉"的说法。之所以称为中、低档玉石，是相对于高档玉石来说的，因为它们产量较多，或者属于新发现的玉石品种，历史文化底蕴不足，进入市场时间不长，因此价格相对较低。

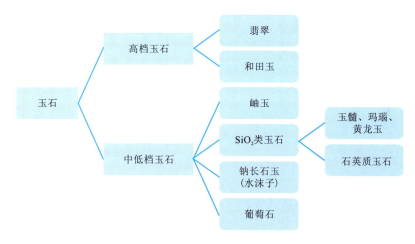

图 1-5　常见玉石的分类表

五、云南玉、缅甸玉与翡翠

走进市场，我们常常会看到广告上打出"云南玉""缅甸玉"或是"翡翠"这样的字眼。

何为缅甸玉？其实默认的就是翡翠。世界上有6个国家出产翡翠，包括日本、墨西哥、哈萨克斯坦、中美洲的危地马拉及北美洲的美国加利福尼亚州以及缅甸。其中缅甸产量最大，常能产出宝石级别的翡翠。

缅甸是一个发展中的国家，新政府成立于2011年。缅甸悠久灿烂的佛教文化在全球独树一帜，宝石和玉石在世界上享有盛誉。最著名的有抹谷地区的红宝石、翡翠，还有近年来新发现的琥珀等。就宝玉石资源来说，主要由政府部门控制，矿产品主要用于出口。由于经济发展落后以及政治等其他方面的原因，缅甸的矿产资源还没有得到有效的开发。

缅甸北部的勐拱、帕敢、会卡等地产出翡翠，其中最优质的翡翠产于龙肯矿区,缅甸国有宝石企业勘查和开采总部也设在龙肯。该区每年开采翡翠原石 500t,全部送往仰光加工。

勐拱一带则较早发现翡翠矿床,市民大多从事玉石开采、加工工作,加上来自龙肯地区的翡翠在这里中转、集散,勐拱翡翠由此得名。

何为云南玉?过去翡翠主要由云南腾冲加工、运出,因此过去翡翠也称为"云南玉",至今也保留有"到云南必购玉"的习惯。目前,云南省昆明市以及毗邻缅甸的瑞丽市、腾冲市已发展成为重要的翡翠交易场所。

六、赌石文化

图 1-6 翡翠的产地之一——缅甸

在玉石界有这样一句话:"有人买,有人卖,还有一个疯子在等待。"为什么会用这句话来形容玉石交易呢?其实这是针对赌石而言的。

1. 什么是赌石

未经加工的翡翠原石称为毛料,毛料常常被一层皮壳包裹着,没有切开或没有被开窗口时,从外表皮很难看出原石内部的真实情况,无法得知毛料的内部是否带高翠,肉质是否细腻,裂纹是否大量发育等。即使到了科学手段如此先进的今天,也没有一种仪器能够探测出原石内部的"庐山真面目"。这种毛料交易最挣钱、最诱人、赌性最大,因此被称为赌石。如图 1-7 所示,这是一块黑色的翡翠原石,表面上看有松花、白癣、莽带,打灯可见松花还有水头。但是切开后发现底灰、裂多、种水不足、癣进、色没进,属于大垮。

2. 赌石交易

赌石(交易)是滇缅边境一带流行的一种独特的高档翡翠原石交易方式。

买者必须从包有皮壳的原石来判断这块玉的价值。这种买卖的过程就是买家与卖家对一块有皮玉石眼光较量的过程。这种判断是建立在经验基础上的,而且玉石形成的地质环境很复杂,条件不同,形成的皮壳也不同,因而买卖风险很大,也很"刺激",故称"赌"。买家如果懂行、会赌、眼力好、运气好,购得上品,可以一夜致富;当然,如果看走了眼,时运不济,就有可能血本无归,倾家荡产。

图1-7 赌垮的翡翠原石

可谓是风险与获利并存。在这个行业里没有一个行家敢说自己一定能赌赢。"一刀穷,一刀富"这样的故事时常上演着。买家将赌石解开后,发现绿色只有一部分,而且翡翠种水较差,颗粒感强,这样的赌石交易就极有可能让买家血本无归。

这一种古老而又刺激的交易方式,不知可追溯至何时,但它已演变成世人迷恋憧憬的金光大道。几近疯狂的赌石,撩动着不少人的发财梦。对此种行为,行家褒贬不一,众说纷纭。

图1-8 缅甸翡翠开采的场景

一、单项选择题

1. 目前市场上的翡翠主要来源于(　　)
   A. 美国　　　B. 缅甸　　　C. 中国云南　　　D. 泰国

2. 根据所学的知识,下列推断不正确的一项是(　　)

   A. 玉石文化是伴随着翡翠、和田玉等玉石出现而产生的,可见玉石的文化内涵就是玉石的"人工之美",故消费者在购买翡翠时并不看重其中的文化内涵

   B. 玉石的神秘美感与宗教等相互联系,产生了不平凡中又蕴含神秘的独特美感进一步加深了人们对翡翠的喜爱、崇敬的情感

   C. 人们一直把玉视为中国文化的代表以及情操、道德的化身,表明消费者一致认同玉石的文化内涵

   D. 中华民族自古以来重德、重义,以"玉"为美的修饰词在文献中很多,因而"玉"也就成为了美好事物的象征

3. 以下推断正确的一项是(　　)

   A. 中、低档玉石指的是品质较差、价格相对低廉的玉石品种

   B. 目前国际市场上公认的高档玉石有翡翠、和田玉、独山玉和岫玉

   C. 中、低档玉石,是相对于高档玉石来说的,因为它们产量较多,或者属于新发现的玉石品种,历史文化底蕴不足,出入市场时间不长,因此价格相对较低

   D. 根据国标的划分,玉石可以分为高档玉石和中、低档玉石

二、问答题

1. "黄金有价玉无价"这句话如何理解?
2. 根据查阅的资料,请说一说"中国人为何情有独钟于绿色的石头"。

第二章　翡翠品质的评定

如何判断一件翡翠的品质呢？这是所有卖家和买家都应该了解的一项重要内容。

可能有人会说"不同的人有不同的喜好"，有人偏好颜色，有人偏好种水等等。不管喜好如何，可以肯定的是，在所有与翡翠相关的问题上，我们的精神情趣和价值观念的取向往往是直接而露骨的，均以"高颜值"为标准。虽不能免俗，但我们的物质得到了满足，心理得到了舒缓，生活情趣得到了提升，这一切源于对翡翠的认同。

1. 掌握翡翠的颜色、水头、质地的评定因素。
2. 掌握翡翠的工艺评价因素。
3. 对翡翠瑕疵进行浅析。
4. 了解并理解翡翠的文化。

翡翠的品质评定，一般是从质地、颜色、水头、瑕疵、工艺等几个方面进行的。

一、观色

行内有句话为"外行人看色"，颜色是翡翠最直观、最易于识别的一种性质，颜色决定了翡翠的品质、卖相、价格的高低。有时候颜色差一分，价格却相差几十倍甚至几百倍。

在学会如何观色前，我们应该了解一些与颜色有关的基本常识，例如翡翠只有绿色吗，什么样的绿色才是最好的。底色到底有何影响，等等。

1. 翡翠只有绿色吗

我们总是会碰到这样一些顾客或者朋友，他们认为翡翠只有绿色的，还有的认为只有绿色的翡翠才是有价值的翡翠，其实这些说法都是错误的。

翡翠常见的颜色有绿色、紫色、黄色、红色、白色、黑色以及各种组合色。

(1)绿色翡翠。绿色调是翡翠中的主色调,是大家最为向往的颜色,价格相对较高。

(2)翡色类翡翠。红翡与黄翡称为翡色,是翡翠原石皮壳与肉之间的过渡部分形成的,这个过渡部分也被称为雾。翡色属于翡翠中比较稀少的颜色。

(3)紫罗兰翡翠。紫色,也被称为椿色、紫罗兰色。根据紫色的深浅又可以分为浅紫和茄紫。业内有句话为"十椿九垮",意思是赌石时,原料切开后如果发现是紫色,那么九成机会会赌垮掉。这是因为大多数紫罗兰翡翠的结晶颗粒比较粗大,质地粗糙,水头短,质量不好。如图 2-1 所示,紫罗兰手镯中可以见到大的结晶颗粒。但是,这句话如果反过来理解就是种水好的紫色翡翠应该是非常稀少的,升值潜力巨大。

图 2-1　可见大结晶颗粒的紫罗兰翡翠手镯

(4)黑色翡翠。黑色类翡翠,在过去常常被认为是颜色很脏,卖不上好的价钱的。但是,随着市场的变化以及审美观念的改变,这类型的颜色也逐渐被大家看好(图 2-2)。

(5)组合色翡翠。一只手镯或是一个小小的挂件上面可以同时出现几种颜色被称为组合色,例如,绿色+紫色,常常被称为"春带彩"(图 2-3);绿色+黄色,被称为"黄加绿"或者"黄杨绿";绿色+紫色+红色,被称为"福禄寿";如果颜色更为丰富,则被称为"福禄寿喜"(图 2-4)。

图2-2 黑翡(乌鸡种翡翠)

图2-3 "春带彩"翡翠

图2-4 "福禄寿喜"翡翠

2. 绿色翡翠是否都属于品质好的翡翠

外行人喜好颜色,但不一定知道什么样的绿色属于价值高的绿色。如图2-5所示,两只翡翠手镯同为花青种,质地相似,但价位不同。左边的手镯略带绿色,但整体偏灰,而右边的手镯绿色调略显鲜艳,但同时黑色部分也比较明显。

珠宝行业有句话"翡翠有三十六水、七十二绿、一百零八蓝",可见翡翠的种水色变化是十分复杂的,同样是绿色翡翠,但有的偏黄,有的发蓝,有的颜色分布均匀,有的颜色不均,等等。如图2-6所示,不同绿色色调的翡翠,翡翠颜色差一分,价格可能相差几十倍,甚至几百倍。

图 2-5　主体色调、颜色分布不同的花青种手镯对比图

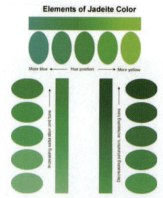

图 2-6　不同绿色色调的翡翠

3. 翡翠颜色的评价因素

翡翠的绿色品种繁多,富于变化。"七十二豆,一百零八蓝"的说法恰如其分地说明了翡翠颜色的多变。珠宝界则依据"浓""阳""俏""正""和"来评价翡翠的颜色:"浓"是指颜色饱满、浑厚、浓重而不带黑色;"阳"是指颜色鲜艳、明亮、大方;"俏"是指颜色明快;"正"指色不偏,偏黄或偏蓝则为"邪";"和"是指绿色均匀柔和,能与"底""水"相互协调;若绿色呈点状、峰状、块状等分布不均匀则谓之"花"。

例如颜色较好的翡翠有帝王绿、正绿色、翠绿色等。如图 2-7 所示,为帝王绿翡翠,其绿色纯正,色泽鲜艳,分布均匀,是翡翠中的最佳品种。图 2-8 为正绿色翡翠,颜色分布均匀且色泽鲜亮。图 2-9 为翠绿色翡翠,色阳但绿色中略带黄色。这三种绿色色调的翡翠满足了"浓""阳""俏""正""和"的审美要求。但在珠宝市场上,能够同时满足"浓""阳""俏""正""和"这五个元素的翡翠数量不

第二章 翡翠品质的评定 / 15

图2-7　帝王绿翡翠　　　　图2-8　正绿色翡翠　　　　图2-9　翠绿色翡翠

多,且基本属于高档翡翠。

　　一些中、低档翡翠的颜色虽然比较淡,但胜在颜色柔和,光泽明亮,也深受欢迎,例如晴水绿翡翠,如图2-10所示。俗话说"十有九豆",豆种翡翠是消费者偏爱的一种类型,虽然颜色分布不均匀,但绿色部分颜色俏丽,且价格相对略低,如图2-11所示。油青色翡翠,其通透度和光泽看起来有油亮感,是市场中随处可见的中、低档翡翠,常用其制作挂件、手镯,也有做成戒面的。油青色明显不纯,含有灰色、蓝色的成分,因此较为沉闷,不够鲜艳,如图2-12所示。蓝水翡翠颜色往往偏蓝,但分布比较均匀,内部纯净少瑕,玉质细腻,如图2-13所示。墨翠在自然光下为黑色,透射光下为墨绿色。此外,墨翠独特的细腻质地可以淋漓尽致地展现雕工细节部分,一般深受男生的喜爱,如图2-14所示。

图2-10　晴水绿翡翠　　　　图2-11　豆色翡翠　　　　图2-12　油青色翡翠

　　另外,通过调水、镶嵌等加工工艺的修饰,也可以使得翡翠的颜色发生变化。如铁龙生翡翠。如图2-15(a)所示,铁龙生的原石显示出深绿色,且不透明,经过切薄片并镶嵌在首饰上,可以显示出鲜艳的绿色,并且透明度得以提高,如图2-15(b)所示。

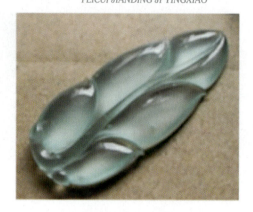

图 2-13 蓝水翡翠

图 2-14 墨翠

图 2-15 铁龙生

需要注意的是,翡翠的颜色常常因棉絮和色调不同表现而表现出不同的绿色调。在翡翠戒面上的表现尤为显著。如图 2-16(a)所示,翡翠颜色较为鲜艳,但颜色分布不均匀,可见白棉及黑色部分。图 2-16(b)则为略带油青色调,而油青色的存在,让戒面整体颜色发黑、偏暗。

4. 翡翠的原生色和次生色

按照翡翠颜色的地质成因,将颜色分为原生色和次生色,如图 2-17 所示,原生色是在翡翠晶体过程中形成的。例如翠色、紫色以及白色翡翠就是常见的原生色翡翠。次生色是翡翠再结晶过程中形成的,或者是翡翠形成以后,表面形成风化壳导致颜色的形成。经过了再次结晶后,翡翠的质地更加细腻,水头变

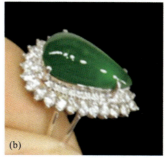

图 2-16　因棉絮和色调不同而表现出不同绿色色调的翡翠戒面

例如：油青、蓝水翡翠
　　　红翡、黄翡
　　　黑色杂质

原生色形成原因：
　　在翡翠晶体的结晶作用过程中形成

次生颜色形成原因：
　　翡翠再结晶过程中形成的，或者是翡翠形成以后，表面形成风化壳导致颜色的形成

例如原生色翡翠有：
　翠绿色：Cr致色
　紫色：Mn致色
　白色

次生色翡翠的特征：
　　经过了再次结晶后，翡翠的质地更加细腻，水头变好。部分次生色于翡翠表面结晶形成，往往颜色部分较薄

图 2-17　翡翠的原生色与次生色

好。例如红翡、黄翡以及油青色就是常见的次生色。但需注意的是部分次生色于翡翠表面结晶形成，往往颜色部分较薄，如图 2-18 所示。这样因为次生翡色分布在原石皮壳和肉之间，或者沿裂隙侵入内部，因此次生色部分比较薄，水头看起来也比白色部分好。

这种分类方式对了解翡翠的成因、鉴别以及工艺上的巧色利用很有意义。例如

图 2-18　次生翡色的分布特征

黄（红）翡往往具有截然的颜色变化，如图 2-19 所示，且次生色部分水头相对较好。根据这一特征，便可以将天然黄（红）翡与染色处理的黄（红）翡区别开来。

图2-19 具有截然颜色变化的次生翡色

另外,透射光下,经常在翡翠上可见呈丝状、纵横交错的黄色色丝,很多同学误认为是经过染色的。但其实不是,光下可见的正是黄色的次生物(也称锈丝),这是天然翡翠的特征,而非经过人工染色形成的。如图2-20所示,平安扣上呈丝状的锈丝就是它的天然鉴定特征。

5. 天然黄(红)翡和加热处理黄(红)翡的区别

图2-20 翡翠的锈丝

天然的黄(红)翡是由于翡翠原石露出地表之后,所处的环境与原来形成时的环境发生了很大的变化,经过氧化、水解等作用而产生的,此时在翡翠外表就会形成风化壳。从翡翠原石中释放出的铁形成的氧化铁呈胶体状淋漓渗透于翡翠晶体粒间孔隙中或微裂隙中,从而使翡翠呈现出翡色。

根据这个原理,人们可以模拟自然界黄(红)翡翠形成的过程,人为地通过加热的方法让翡翠中铁元素的价态发生变化,从而产生翡色(图2-21)。具体来说,烧红翡翠(也叫焗色翡翠)是一种针对翡翠的优化处理方法,这种方法通常是将颜色较暗、价值较低的黄色或棕黄色的翡翠放入炉子中,在一定的温度下烧制,使之变为鲜艳的红色,却因没有改变其内部结构,也没有经过化学处理,因此还是A货翡翠。

图2-21 人工处理的红翡原石

虽同为翡色,但是颜色的分布特征、透明度等表征是不同的。如图 2-22 所示,天然翡翠具有多色阶、深浅不同的翡色分布特征,且翡色部分透明度较好,而加热处理后的黄翡,颜色比较单一,质地比较粗,水头也不好,如图 2-23 所示。需要注意的是烧红翡翠因其颜色并非天然形成,所以市场价值比天然红翡低很多。

图 2-22　具有多色阶、深浅不同的翡色分布特征

图 2-23　加热处理后的黄翡

6. 翡翠的底色

底色是指翡翠上除了绿色以外的颜色,业内又称之为"底子""地张"等。识别底色是认识翡翠的一个重要方面,因为底色的色调、深浅都会对翡翠的主色调——绿色产生影响。常见的底色有白色、浅黄色、褐灰色、灰色等。当底色的色调为白色时,对比度增强,使翡翠的绿色得到加强,显得更为浓郁,而其他色调往往会降低翡翠颜色的浓艳程度。如图 2-24 所示,翡翠的底色比较干净,与绿色部分形成分明的对比,使翡翠看起来更鲜艳。相称之下,偏灰的翡翠底色就使得绿色显得不够鲜艳,如图 2-25 所示。

图 2-24 白底青

7. 观察颜色的正确方式

颜色是决定翡翠价格的重要因素,因此准确地把握翡翠的颜色是非常重要的。在观察颜色时,需要注意的是在正确的背景下,通过对比颜色的方式来定位颜色。所谓正确的背景主要是指在自然光的条件下,如果是在室内应到有自然光的窗边或者门口进行观察。或者也

图 2-25 偏灰的翡翠底色

可以利用熟悉的翡翠作为标准器,以此来比对颜色。需要注意的是,戒面往往比较小,通过对比的方式,比较容易观察到翡翠颜色的浓淡、分布以及是否有瑕疵,如图 2-26 所示,在自然光下观察,戒面的颜色差异较大,而且发现了小细纹的存在。

图 2-26 戒面的颜色观察

二、品种

1. 水头的定义

水头,也称为种,是指翡翠的透明度。翡翠是由很多微小的硬玉矿物组成,这些小矿物互相交织在一起形成了纤维状交织结构。矿物结晶的颗粒越大,翡翠就越不透明,水头就越差;反之,矿物结晶的颗粒越小,翡翠越透明,水头就越好。翡翠收藏业内流行着一句话"外行看色,内行看种",在颜色、块头等其他条件相等的情况下,相邻的两个种之间的价格可相差有一倍左右。由此可见,翡翠的种极大程度上决定了翡翠的价值。

2. 水头的划分

在市场上根据翡翠的商业价值和宏观表现特征将翡翠的水种进行划分,如玻璃种、冰种等。常见的有如下几种。

(1)玻璃种。透明度等级最高,水头最足,起荧,看上去透明得如同玻璃一样,玻璃种是翡翠水头的最高等级。如图 2-27 所示的手镯为玻璃种翡翠,其透明度犹玻璃一样通透,但仍可见点状棉絮。

(2)冰种。透明度和水头略次于玻璃种,看上去像冰一样透明,属于高档翡翠。但内部常常见到大小不同的棉絮,如图 2-28 所示的冰种翡翠,其白色团块棉絮是不可避免的特征。需要注意的是,棉絮较少的优质者常被作为玻璃种出售。例如,如图 2-29 所示的棉絮较少的冰种嗜水绿翡翠,在加工过程中通过调水的方式将厚度减小,背部雕成内勾的弧度,可以增加透明度和亮度,这类高冰

图 2-27　玻璃种　　　　　　图 2-28　冰种翡翠

种翡翠常常被当成玻璃种翡翠销售。其棉絮较少的优质者常被充为玻璃种出售。

（3）糯种。水头介于透明与不透明之间，看上去就像煮熟的糯米，最大的特征是质地比较细腻，光泽略偏油性。如图2-30所示的糯种翡翠，其透明度略低于冰种翡翠，但胜在质地细腻，且棉絮较少。

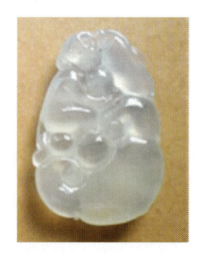

图2-29 高冰种晴水绿翡翠　　　　　　　图2-30 糯种

（4）干青种。故名思议水头差、底干、玉质较粗，但带有绿色调［图2-31(a)］。需要注意的是目前市场出现大量的、在外观上与干青翡翠非常相似，但成分介于翡翠与钠长石之间的绿色玉石往往也被商家称为"干青种翡翠"［图2-31(b)］。

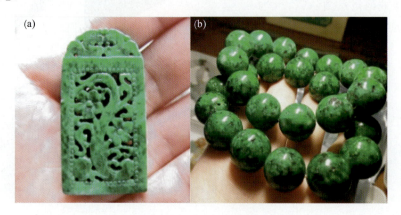

图2-31 干青种翡翠

(5)飘花种。是指绿色、蓝色呈脉状分布的一种翡翠,其底色可能为淡绿色或其他颜色,质地可粗可细,透明度为半透明—不透明(图2-32)。

(6)豆种。一般不透明,颗粒感强,但往往带有鲜艳的豆绿色,业内有"十有九豆"的说法(图2-33)。早期豆种翡翠一般作为翡翠摆件的原料,但由于近年来原料价格的快速上涨以及外行人颜色偏好的因素,豆种翡翠原料经常被加工成手镯、戒面以及吊坠。

图2-32　飘绿花翡翠　　　　　　图2-33　豆种翡翠戒面

(7)油青种:颜色是不纯正的、不够鲜艳的偏灰偏暗的绿色,其颜色可以由浅至深,由于它表面有油脂光泽,因此称为油青种。如图2-34所示,观音的颜色为不够鲜艳的偏灰偏暗的次生绿色,且表面光泽常常略带油性。根据透明的程度,油青种也可分高、中、低档,上好的油青种翡翠同样价格不菲。此外,油青种的翡翠戒面虽然颜色不够鲜艳,但经过设计与现代镶嵌工艺结合,能够很好地利用小的边角料的同时,还能提高油青种翡翠的价值,如图2-35所示。

图2-34　油青种观音　　　　　　图2-35　油青种翡翠镶嵌胸针

3. 起胶与起荧

翡翠的胶质感和起荧现象，是指翡翠能表现出如凝结胶水的状态，是在透明度较好、形状足够饱满、线条流畅的部位显示出明亮的玻璃光泽（图2-36）。翡翠的胶质感和起荧现象与翡翠内部晶体颗粒的粗细程度有直接关系。该现象几乎只在玻璃种、冰种翡翠上出现，但并非玻璃种、冰种翡翠都有胶质感。冰种、玻璃种的翡翠随着晶粒越来越细腻，结构越来越紧密，当透明度达到一定水准时，就会出现胶质感现象。而豆种、干青种等翡翠因晶粒粗大，往往给人石质性稍重的感觉，并无胶质感。借助于翡翠的塌荧现象，可以将天然翡翠与部分处理翡翠进行区别。如图2-37所示，经人工处理翡翠也可以出现类似于荧光的现象，但透出的荧光是紫色的，而天然翡翠透出的荧光是无色的。

图2-36 显示起荧光效果的高冰翡翠

图2-37 透出紫色荧光的翡翠B货挂件

三、翡翠的"地"

1. 什么是翡翠的"地"

地也称"底"，是指翡翠的质地，即翡翠中矿物结晶颗粒的大小及其相互组合关系，简单地说就是翡翠中矿物的结构构造关系。

在偏光显微镜下观察翡翠内部的颗粒（图2-38），当翡翠颗粒细、颗粒界限明显时，质地较差；反之，当界限模糊时，则翡翠质地较好。不同的内部结构反映出的外观质地有所不同。一般来说，结晶颗粒细且呈纤维交织结构的翡翠，质地较好，透明度也相对较高，显示出玻璃地、冰地、糯化地；结晶颗粒粗大、结构疏松、硬玉矿物界线分明，体现出结晶结构的翡翠，透明度较差，质地较差，如干白

图2-38 偏光显微镜下观察到内部颗粒之间的界限图
(胡楚雁博士 摄)

地、狗屎地。

2. 质地的划分

翡翠的质地是否细腻与其透明度高低呈一定的正比关系。如同翡翠的种水一样,人们形象地对翡翠的质地进行了划分。

(1)玻璃地。外观等同于玻璃种翡翠,一般统称为玻璃种。

(2)冰地。与冰种翡翠的定义相同,习惯称为冰种。

(3)蛋清地。质地细腻、半透明状、无颗粒感,以形似鸡蛋清而得名,且具有明亮的光泽,属于中、高档翡翠,但价格相对于玻璃地、冰地翡翠来说略低,故深受买家欢迎。如图2-39所示,蛋清地翡翠呈妆透明状,无颗粒感,其细腻程度是玻璃地、冰地翡翠难以呈现的。

(4)糯化地。均匀细腻、无颗粒感、半透明,与蛋清地不同的是糯化地翡翠的光泽偏油性,而且油性越足,质地就越细腻。如图2-40所示的糯化地翡翠手镯的质地细腻,呈半透明状,且光泽略显油性,整体颜色偏暗。

(5)藕粉地。半透明呈果冻状,质地细腻均匀,多属于品质上好的紫罗兰翡翠(图2-41)。

(6)芋头地。白中略带灰,质地不细腻,但颗粒感低于豆种翡翠。如图2-42所示,芋头地翡翠是一种常见的中、低档翡翠,显示出的细腻程度比豆种翡翠好。

(7)豆地。为豆种翡翠常常出现的质地。如豆般不通透,颗粒感强,可见棉、苍蝇翅等现象。但因豆种翡翠常常显示豆绿色,正所谓"外行人看色",故这类翡翠深受买家喜爱。市场上,有人将其细化分为粗豆和细豆。

图 2-39 蛋清地翠翡

图 2-40 糯化地翡翠

图 2-41 藕粉地翡翠

图 2-42 芋头地翡翠

(8) 瓷地。犹如陶瓷一样,质地细腻,色泽均匀,但不通透。属于中、低档翡翠。如图 2-43 所示,瓷地翡翠的质地细腻,犹如陶瓷一般,但不通透,往往给人以呆板的感觉。

(9) 油地。油青种翡翠特有的质地。其质地细腻,无色根,颜色分布均匀。但油青色调深浅可以不同,当颜色过深、过于偏灰、发暗时,一般称为重油青,为常见的低档翡翠。反之,当颜色相对较浅时,则价格颇高。如图 2-44 所示,油地翡翠的质地细腻,但颜色深浅可不同,表征的价值不同。其中图 2-44(a)的油

图 2-43 瓷地翡翠

青观音相对于图2-44(b)的油青佛像来说,价值相差巨大。图2-44(b)中的3个油青佛像本身色调也不同,价格也存在差异。

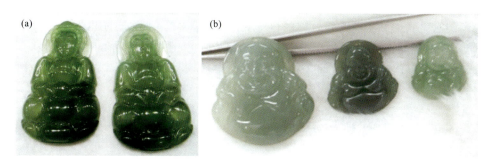

图2-44 油地翡翠

3. 翡翠文化石

翡翠的种水、色极大地决定了翡翠的价值,但这并不意味无色、无种,甚至是裂纹普遍存在的翡翠就一文不值了,翡翠文化石就是这样类型的翡翠(图2-45~图2-47)。

图2-45 《松树林》　　图2-46 《俏皮小丑》　　图2-47 《仕女》

翡翠文化石并不同于我们常见到的翡翠饰品,常见翡翠饰品经过了设计师们的巧妙设计以及雕刻师的精心雕琢,被赋予了一定的形态、纹饰和文化内涵,而翡翠文化石则是浑然天成的,并没有人们刻意加工的痕迹。

翡翠文化石这类藏石,生成艰难,收集也非易事。它可能来源于一块大的翡翠原石,也可能是一块翡翠的小片料;可能是一块品质上好的翡翠,也可能是一块种质较粗、水头发干甚至是布满裂隙的翡翠。如果是一块水头很好、颜色又佳的文化石,那它就是石中佳品;如果只是一块种质、水头都比较逊色的翡翠文化石,但它呈现的意象非常符合你的口味,深讨你的喜欢,那你同样也可以收入囊中。无论是一块何种质地的翡翠,你要想去发现它,想在一堆看似无奇的翡翠中去寻找到这样一块不寻常的文化石,或是在琳琅满目的文化石中找到一个能让你一见钟情的,那就是眼力与缘分的考验了,正所谓好石难求。

四、雕刻工艺评价

1. 雕刻工艺对翡翠价值的影响

> **问题思考**
> ①种水不错却没有经过精心雕刻的翡翠,其价值如何?
> ②质地不好的原料在经过俏色巧雕之后,其价值如何?

所谓"玉不琢不成器",雕工对于一件翡翠的价值好坏有着至关重要的影响。玉器的最终价值在很大程度上体现在雕刻工艺的水平上,如果说,玉质的好坏决定了玉器价值的六成,那么雕刻工艺对玉器价值的影响最少要占三成。

一件很普通的翡翠原料经过巧妙的俏色和精心的雕刻之后,其最终的价值可能会翻涨数十倍。很多时候雕工的价值甚至都超过了翡翠本身的价值。例如一块翡翠玉牌的料钱可能只要 600 元,而在这个玉牌上进行精工雕刻的费用可能需要 2000 元。

为什么同一手的原料,加工出来后价格相差这么多?

众所周知,玉石在原料上的差别会造成其成品价格上的差别。同样的,相同的玉石原料经过不同的加工后,其成品的价格相差较大的情况也是很常见的。不同的原料雕刻出来的成品价格有差别。那么,为什么同样原料加工出来后的成品价格也可以相差这么多呢?

图 2-48 翡翠原料大集合

如图 2-48～图 2-50 所示,同一块原石开出来的料子经过不同的雕刻工艺,其成品的价值也有所不同。图 2-49 中观音的原料种水一般,黄棉比较重,但面部位置相对干净,再加上雕工较好,使观音上的棉看上去比较有味道,形状修长。而图 2-50 中的观音原料与图 2-49 相似,但由于雕工较差,令成品大打折扣,致使其价值也相去甚远。

图 2-49　观音雕件 1　　　　　图 2-50　观音雕件 2

从雕刻出来的成品可以看出,翡翠本身的品质、成品的厚薄大小以及雕刻工艺的好坏 3 个方面的因素,决定了最终的成品价格。

2. 机雕翡翠

一件翡翠原料,经过玉雕师傅的巧手能将翡翠上的裂、脏、纹等瑕疵修饰、隐藏处理,并最大程度地展示翡翠的颜色和种分。然而,现在为了提高效率,工厂大量使用模具进行流水式的翡翠生产(图 2-51),出现大量雷同的成品挂件。这种情况被行家称为机器雕刻,或者是机雕翡翠。

图 2-51　超声波雕刻机及使用模子

近年来,随着3D打印技术的应用,时下许多玉雕厂工作室引进3D立体雕刻(图2-52),有的是为了产量,有的是为了辅助作品,有的是为了不落后时代。3D立体雕刻是超声波套膜雕刻技术的升级版,无需制作合金钢模板,利用软件设计出雕刻的图案之后即可进行雕刻,最重要的是除了平面雕刻外,也可以实现立体雕刻。如图2-53所示的半成品就是机器根据图纸雕刻出来的。就目前来说,3D雕刻与使用磨具雕刻出来的翡翠翠类似,成品还需后期经过加工师傅的一番修饰。

图2-52　3D立体雕刻机。利用软件进行设计,之后雕刻出平面或立体成品

图2-53　机器根据模子雕刻出来的半成品

机器雕刻的翡翠,其用料均为价值不高的低档原料。早期的机器雕刻是通过超声波机器加工,用来雕刻的磨具是高硬度的合金钢,最多使用30次左右就得报废。这是因为模具在使用碳化硅高硬度磨料加工过程中,自身也会迅速磨损,加工出来的成品图案会依次从清晰变得模糊起来。由于作品存在雕刻的痕迹,线条相对比较生硬,之后需要再经过师傅的简单修正。总体来说,加工出来

的成品外观基本一致,但原料中的瑕疵无法很好地得到修饰和隐藏。如图 2 - 54、图 2 - 55 所示,机雕翡翠未能很好地展示雕刻工艺。机器雕刻出来的佛外观几乎一致而且肚子呈扁平状,而不是大肚、饱满的形象。

图 2 - 54　机器雕刻的翡翠佛

图 2 - 55　外观几乎一致的机雕翡翠佛吊坠

3. 翡翠的雕刻文化

在第一章中提到:玉器早已超越了单纯的工艺品范畴,中国玉器和玉文化与信仰、民族精神和人们内心深层意识紧密联系在一起。因此人们常把一些民间传说、文化习俗、宗教信仰和生活信念等形象化地融入玉石中,赋之以特殊的文化内涵。

1) 传统的雕刻题材

俗话说:"玉必有意,意必吉祥。"翡翠玉佩中的中国传统图案形式多样,寓意深刻,数不胜数。熟悉的传统纹样主要有:人物类、植物类、瑞兽类以及其他类。通过纹样表达出的蕴意主要分为 6 个部分(图 2 - 56)。

(1)吉祥如意类。主要反映人们对幸福生活的追求与祝愿。玉佩图案主要有龙、凤、祥云、灵芝、如意等。这类图案的玉佩适合各类客人佩带。例如,福寿如意雕刻有蝙蝠、小动物和灵芝,其中蝙蝠为福,小动物为兽,音同"寿",为寿意;灵芝与古时如意同形,寓意称心如意,表示幸福、长寿、事事顺意。喜上眉梢表现为两只喜鹊落在梅枝上,在中国的传统习俗上,喜鹊被认为是一种报喜的吉祥鸟,"眉"与"梅"同音,喜鹊立在梅枝上表示喜鹊报喜,寓意好事当头,喜形于色。

(2)长寿多福类。玉佩图案主要有寿星、寿桃以及代表长寿的龟、松、鹤等。表达人们对健康长寿的期望与祝愿。佩带人群以中、老年人为主。例如,福寿双全表现为一只蝙蝠、两个寿桃、两枚古钱。蝙蝠衔住两枚古钱,伴着祥云飞来,图

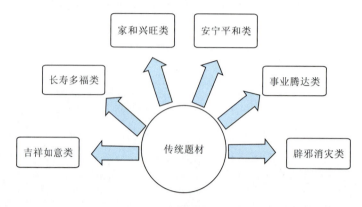

图 2-56 传统雕刻题材分类

案以谐音和象征的手法表示幸福、长寿都将来临,即福从天降。寿桃为王母娘娘的仙桃,食之能长命百岁。桃是长寿果,佩带能长寿,生活长长久久。

(3)家和兴旺类。玉佩图案主要有鸳鸯、并蒂莲、白头鸟、鱼、荷叶等,寓意家庭兴旺、和睦。这类图案的玉佩往往作为结婚喜庆的礼品相赠,表示夫妻恩爱、家和万事兴。例如,年年有余有荷叶、莲藕和鲤鱼。莲同"年",藕指藕断丝连,寓意年年不断;鱼同"余",表示丰庆有余,生活的富裕。

(4)安宁平和类。代表的玉佩图案主要有宝瓶、如意等,寓意现代社会里人们对安定、平和生活的向往。佩戴人群以一些常年在外工作或工作、生活漂泊不定的人为主,以寄托家人对他们的平安祝愿。例如,富贵平安常以花瓶内插一枝牡丹花表示。牡丹为花中之王,表示尊贵、富有,花瓶则为平安之意。

(5)事业腾达类。代表的玉佩图案主要有荔枝、桂圆、核桃、鲤鱼、竹节等,象征人们对个人成就和仕途前程的向往与祝愿。佩带者比较注重个人成就和自我价值的实现。例如,马上封侯常常雕刻一马一猴,小猴儿坐在马背上,状似得意,表示"出将入相"不远矣。官上加官雕刻纹样为鸡冠花上站蝈蝈或是雄鸡和鸡冠花。树叶寓意事业有成,金枝玉叶,玉树临风;翠绿的树叶代表着勃勃生机,意喻生命之树长青。

(6)辟邪消灾类。人们佩戴此类的纹饰挂件是为了借助神、佛的力量来保佑自身,祈求平安快乐。观音和佛像是此类挂件中最为传统的图案,深受消费者喜爱。挂件中的佛常取大肚弥勒佛的造型,或是站立着的姿态,或是稳稳坐立的,或是最新流行的宝宝佛。观音则被视为救苦救难之神,被视为慈悲的化身。观音菩萨在中国民间受到最普遍、最广泛的敬仰。仅是观音的品相就有30多种,常见有杨柳观音、握瓶观音、持瓶观音等。

2)创新题材

玉雕行业已经有数千年的历史了,漫长的历史积淀也让玉雕行业变得保守,甚至固步自封,导致目前玉雕作品题材陈旧,而消费者对玉雕作品商业价值的追逐却远远超过对其文化艺术价值的认可。现今消费者审美观念改变,对翡翠作品的题材提出了多样性、趣味性、个性化、时尚化、艺术性等的要求,传统的玉雕行业正面临一场创新变革。

什么是创新?创新,顾名思义就是在原有的东西上创造新的东西。艺术的创新则希望在原有的基础上打破常规,把已有的知识和经验重新组合,以新的方式创造出新的作品,突显出其独特个性。标新立异、开天辟地的创新固然重要,但并不代表每一次的创新都能引起全面的颠覆。实际上,大部分的创新是在某个较小的范围内,用新颖的思考方式,通过前人未经留意的视觉角度来观察和决定问题,或是用一种更为有效的方法来打破常规。这种思考方式或是行之有效的方法未必前所未有,而很可能是对其他领域的借鉴。这样的创新离我们更亲近,而且创造价值不菲。

令人欣慰的是,我们的玉雕师傅已经开启了创新变革的开端,比如王朝阳首创的侧脸佛(图2-57),这种大道至简的佛学玉雕作品让题材守旧的佛教题材作品有了一丝灵气;此外,还有王俊懿首创的宝宝佛以及邱启敬首创的无脸佛都给传统的玉雕行业带来了勃勃生机。

图2-57 玉雕大师王朝阳首创的侧脸佛

关于全新题材运用的尝试一直在进行着。题材的选择,我们希望尽可能地深刻一些、独到一些、完美一些。如图2-58所示的翡翠挂件均以裸体女子为创意题材,左图的挂件给人以优雅的意境,相比之下,右边的挂件是无法接受的。因此,如何在借鉴西方设计思维的同时,更好地融入中国传统元素,让传统的玉雕题材得到丰富正是玉雕师傅需要思考的。

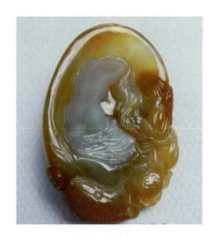

图 2-58　以裸体女子为创新题材的翡翠挂件

4. 翡翠做工因素

不少卖家和买家都过于看重翡翠的颜色、种水,而常常忽略工艺是否精致,是否恰如其分地表达出作品的文化性。例如翡翠挂件的比例不对、太薄或者为了保留更多的绿色而增加了多余的纹饰,甚至出现颠覆人们认识的题材,这些因素就常常被忽略。如图 2-59 所示,此吊坠为了保留多余的绿色,在弥勒佛的肚子部分增加了多余的花纹;图 2-60 中佛像嘴上多余的颜色没有引起雕刻师傅的重视;图 2-61 中佛的比例不对称;图 2-62 佛站在元宝上,造型超出人们的

图 2-59　肚子部分带有多余　　图 2-60　颜色利用较差的　　图 2-61　整体比例不
　　　　　花纹的佛吊坠　　　　　　　　　佛吊坠　　　　　　　　　对称佛吊坠

图 2-62　形象较差的佛吊坠　　　图 2-63　整体过于单薄的佛吊坠

认识;图2-63中的雕工虽然完美,但整体过于薄了。

五、翡翠的瑕疵

对翡翠进行评价时,除了要了解种水、颜色、质地、做工这些决定翡翠品质的因素之外,如何正确看待翡翠的瑕疵也是不容忽视的。

俗话说:"好货不便宜,便宜没好货。"这句话在翡翠行业中非常适用。有些老板主营低档翡翠,进货时专门选择成本低廉的翡翠,到后来却发现,这类型的翡翠很难卖得上价钱,利润低,生意反而没有专营中、高档翡翠的店铺好。对于老板自己来说,的确是"便宜也能买死人"。对于消费者来说,如果一件翡翠瑕疵比较大,棉絮较多,杂质占据重要部位,即使再便宜也没有什么价值了。即便一时贪图便宜买了瑕疵明显的翡翠,玩到最后会很闹心,想出手都很难,这就是为什么说宁缺毋滥,"便宜也能买死人"。

翡翠中有些瑕疵是不能接受的,会对价值产生很大的影响;有些瑕疵是较正常的,对价值的影响也不大。一块翡翠成品,无论是戒面、手镯还是挂件,总是优点与缺点并存,互相影响、互相制约,所以需要综合评价。在评定这些瑕疵的严重性时,应该要考虑瑕疵的类型、存在的位置、数量以及明显程度等因素。

例如当翡翠上存在小黑点时,这样的小瑕疵基本是可以接受的。但是,如果黑色斑点大面积分布,且与翡翠的主体颜色很好地融合在一起,如图2-64所示,那么,这样的瑕疵,你能接受吗?

通常来说我们接受瑕疵的前提是瑕疵在无关要紧的位置或者被很巧妙地处理、掩盖了。

图2-64　两件不同品相的平安扣

问题思考

图2-64中的两件平安扣究竟属于翡翠中带有黑色的杂质还是属于乌鸡种翡翠？

在翡翠交易过程中，卖方有意识地缩小或者掩盖玉器上的瑕疵，而买方则有意地夸大瑕疵，通过挑毛病的方式来砍价。买卖不同心，双方对待玉器瑕疵这个问题上有意无意地存在不同看法。但可以肯定的是瑕疵的严重程度确实影响着翡翠的价格。几十元、几百元的翡翠一般会存在很多瑕疵，几万元的翡翠有时也不可避免存在瑕疵。有些人选择接受瑕疵，有些人则过分吹毛求疵；有人对瑕疵一视同仁，有人则拿衡量戒面的标准来衡量手镯。

一般而言，常见的瑕疵有三大类，包括杂质、棉絮和裂纹。

1. 杂质

常见的杂质有小黑点、大块的癣以及锈色。

（1）小黑点：常常被称为苍蝇屎，是翡翠中含有黑色杂质所导致的。只要不在明显的地方，这类型的微瑕其实是可以接受的。如图2-65手镯中带有小黑点、苍蝇屎，影响不大。但当手镯中带有太多黑点时，影响了颜色的鲜艳度，给人较脏的感觉，如图2-66所示。

（2）大块的癣：癣往往是角闪石形成的黑色部分，如图2-67所示，是玉雕师傅在加工过程中要想方设法清除的部分。但是"绿随黑走"这句话恰如其分地说明了绿色部分与黑色部分的密切关系。需要注意的是一只手镯上飘绿又带黑，

图 2-65 手镯中的小黑点

图 2-66 手镯中的大量黑点

图 2-67 翡翠原石中的癣

人们常常称"花青种"。而实际上一批手镯有货头、货尾之分,即同一块原料出来的手镯,当手镯带有大块的黑色癣时,就会影响美观,致使手镯成为货底,卖不上高价。从图 2-68 中可见最下边的手镯,明显带有黑色的条带,这种属于严重瑕疵;图 2-68 最上边的两只手镯,鲜艳的绿色部分略带有黑色,因此,在评价时,需要酌情考虑,毕竟"绿随黑走"的规律无法避免。

(3)锈色:也称为锈丝,是翡翠的次生色,是天然翡翠的特征。它的存在可能会影响翡翠的绿色调或者整体品相。如图 2-69 所示,翡翠中带有少量的翡色,被称为锈丝,是天然翡翠的特征。但当杂色太多时,就影响美观了。

2. 棉絮

翡翠存在棉絮是不可避免的,即使是玻璃种翡翠也存在点状的棉絮。大团的棉絮出现会让翡翠透明度受到影响,给人沉闷的感觉。如图 2-70 所示,手镯中出现大团的棉絮,使得翡翠颜色发闷、种粗,同样棉重的翡翠挂件,如图 2-71 所示,也给人质地粗、颗粒感强的感觉。

图 2-68　带大块黑色癣的手镯

图 2-69　带大量锈丝的手镯

图 2-70　带有大团棉絮的手镯

图 2-71　棉重的翡翠如意挂件

3. 裂纹

裂纹是翡翠中最为严重的瑕疵,需要认真对待。通常会利用多余的装饰条纹来掩盖挂件和手镯裂隙的存在。裂纹对翡翠的影响程度从戒面、挂件到手镯是不断加深的。可以说手镯中出现裂纹的严重程度远远大于挂件,而且横纹比纵纹严重,如图 2-72 所示。需要注意的是手镯中出现横纹,若不仔细看难以发现,并且可以经过后期的描金方式遮盖(图 2-73)。此外,手镯上雕花是一类常见的雕刻工艺,这样的雕花处理是为了保留更多的颜色或者隐藏微裂纹(图 2-74)。

4. 裂纹与石纹的区别

在翡翠交易市场上,我们经常看到这样的情景:买方指出翡翠的裂纹后,卖

图 2-72　手镯的横纹

图 2-73　手镯中经过描金方式遮盖的横纹

方总会振振有词地回答说"这是天然的,是石纹"。那么,什么是裂纹？什么是石纹？它们有何区别？

石纹和裂纹是两个不同的概念。

石纹主要指翡翠中的愈合裂隙,也称"水纹、水筋、石筋"。这就好比是我们的手割破了一道口子,愈合之后留下的一道疤痕。大多数石纹的颜色是白色或乳白色的,如果有外来

图 2-74　三彩雕花手镯

带色物质的填充,则石纹就会呈现一定的颜色,类似颜色的色根(图 2-75)。因此石纹对质量影响不大。

裂纹是开放的、明显的,在表面往往会有裂线表现。裂纹是翡翠生长的后期受到自然界的应力作用,如地震、地壳温度的热胀冷缩、河床搬运的撞击等地质运动过程中的受应力形成的剪切或张性裂隙。也有可能是人为的作用。如玉石开采、运输、加工过程产生的破坏。

可以肯定的是:石纹和裂纹是不同的,形成原因不同,表现不同,可接受的程度不同。石纹是完全可以接受的。裂纹则需要考虑出现的部位、大小和数量。

图 2-75　翡翠观音中的愈合裂隙
（胡楚雁博士 摄）

例如,翡翠内部细小的裂隙,肉眼相对难见,往往要在强光下才能看出,这样的绺裂影响程度相对弱些。如果出现在玉佩不显眼的位置,且能在雕琢中巧妙处理,则可以酌情考虑,毕竟"天无云,玉无纹"

"无绺不遮花"。而肉眼可见的裂纹,降低了翡翠的透明度和光泽的均匀性,影响到翡翠的完整和美观,而且有断纹的部位受到外力容易断开,这样明显的裂纹严重影响翡翠的价值。

一、判断题

(　　)1. 水头指翡翠的透明度,不同的种水之间具有截然的划分界限。

(　　)2. 翡翠的质地与水头之间没有任何关系。

(　　)3. 乌鸡种翡翠是由于内部化学成分角闪石形成的。

(　　)4. 翡色指的是翡翠的原生色。

(　　)5. 锈丝是天然翡翠鉴别的有利证据。

(　　)6. 底色对翡翠的主体色调具有一定影响,偏灰的底色会降低翡翠的颜色鲜艳程度。

(　　)7. 透明度好的翡翠可以出现起荧的现象。

(　　)8. 翡翠的质地与翡翠内部硬玉矿物的相互组合关系有关。内部矿物结晶颗粒越大、矿物界限越分明,质地就越细腻。

(　　)9. 工艺无法改变翡翠的价值。

(　　)10. 翡翠的文化性因素对翡翠的价值构成没有影响。

(　　)11. 现代的消费者对传统雕刻题材提出创新改变的要求。

(　　)12. 在加工过程中,常常利用多余的线条和花纹来掩盖翡翠的瑕疵。

(　　)13. 机器雕刻的翡翠无法最大程度地展示翡翠的品质,应该逐渐被淘汰掉。

(　　)14. 裂纹的形成原因与石纹不同,但它们的外观表现都是一样的,可接受程度也应该一视同仁。

(　　)15. 油青翡翠属于低档翡翠。

二、问答题

1. 请详细说明翡翠的评价要素。

2. 常见的翡翠瑕疵有哪些?请说一说你是如何对待翡翠中不可避免的瑕疵问题的?

3. 请说一说裂纹与石纹的区别。

第三章　翡翠的鉴别

翡翠是我国传统四大名玉之一,是许多消费者认可的一种高档玉石。市场上的翡翠饰品,品质参差不齐,真假难辨,消费者担心购买到人工处理的翡翠。本章将从翡翠的基本特征开始学习,了解:翡翠的品种;什么是处理翡翠,处理后翡翠的价值;处理的翡翠如何鉴别;抛光粉残留较多的翡翠如何鉴别;翡翠的上蜡与浸蜡的区别;人工处理翡翠有什么样的趋势;如何区别在外观上与翡翠相似,且与翡翠共生的玉石。

1. 了解翡翠的矿物组成。
2. 重点掌握翡翠的宝石学特征。
3. 掌握处理翡翠的鉴别特征。

一、翡翠的矿物组成

1. 翡翠的化学成分及矿物组成

翡翠的化学成分为 $NaAlSi_2O_6$,可含有少量 Ca、Mg、Fe、Cr、Mn 等元素,其中 Cr、Fe、Mn 等对翡翠具有重要意义,因为翡翠的颜色主要取决于这些元素的种类和含量。

从矿物组成来说,翡翠是一种多晶质的矿物集合体,是由硬玉及其他钠质、钠钙质辉石(钠铬辉石,绿辉石)组成的矿物集合体,可含有少量角闪石、长石、铬铁矿等矿物。

2. 翡翠的品种

翡翠为什么会有这么多的品种呢?其实,翡翠的品种与其内部含有的矿物组分有一定的关系。当其内部矿物的含量发生变化时,翡翠的外观特征也会发生变化,因而形成不同的品种(表 3-1)。

表 3-1　不同品种翡翠的内部成分表

品种	内部成分
绿色翡翠	硬玉,并含有微量 Cr 元素
紫色翡翠	硬玉,并含有微量 Mn 元素
乌鸡种翡翠(黑翡)	硬玉,并含细小、点状黑色杂质包裹体
铁龙生	含铬硬玉
飘蓝花种、墨翠	硬玉,含绿辉石
干青种、花青种	硬玉,含钠铬辉石

简单来说,翡翠是以硬玉为主,包含众多其他成分的集合体,其中有些成分使翡翠显得有水分,另外一些成分使翡翠带有绿色和其他颜色,这些物质的适当结合,使得翡翠呈现出众多迷人的颜色和水头。但是,随着导致绿色的物质浓度的增加,翡翠的水头和硬玉成分自然越来越少,于是有些翡翠显得越来越浓绿,水分越来越干。

二、翡翠的宝石学特征

1. 光学性质

(1)颜色。翡翠的颜色种类繁多,主要分成 7 个系列,包括无色、白色、绿色、紫色、黑色、黄色和红色以及组合色。在鉴定翡翠时,颜色的观察是非常重要的。

对于部分个头比较小的挂件或者戒面来说,颜色可以是非常均匀的,总体浓淡变化不大。例如油青种的挂件,或者高档翡翠蛋面。对于大部分的翡翠来说,颜色或多或少存在深浅变化。这种颜色变化往往呈脉状或者点状分布,通常我们将由内到外颜色逐渐过渡的现象称为"色根"(图 3-1)。

图 3-1　颜色由中心向周围变淡的色根

翡翠的色根常常会被人们作为鉴定翡翠真假的一个标准,这个标准简单而有效。绝大多数翡翠的颜色常常是从一点或一线逐渐向外面扩散开来的,越靠近这个带色的中心,翡翠的颜色就越深,反之越淡,就像是翡翠颜色的根一样,翡翠色根由此得名。这个名称也形象地描述了翡翠因为多晶体结构的特性造成其特殊颜色的现象。

(2)透明度。翡翠的透明度称"水"或"水头"。根据透明度的不同,商业上有着不同的划分和称呼(详见第二章第二节),透明度除了是评价翡翠品质好坏的重要因素外,还可以帮助我们鉴别翡翠。在一件成品上翡翠的透明度总是或多或少存在分布不均匀的情况。透过光照可以看到有部分雾状、斑状的棉絮,而人为处理的翡翠透明度往往比较均匀、过于一致。

行业里有句话叫"龙到处有水"。所谓"龙"是指翡翠中的绿色,"水"是指翡翠的水头,就是说在通常情况下,无论翡翠本身的透明度如何,质地粗细程度如何,有绿色的部位往往水头相对好一些,质地细腻圆润一些。这是由于铬离子细化晶粒的作用,表现为晶体细小、翡翠种老、水头足。

根据"龙到处有水"的特征,我们可以鉴别天然翡翠和处理翡翠。天然翡翠的透明度或多或少存在不均匀的现象,尤其是绿色部分透明度往往要好一些,如图3-2所示,整个挂件的水头虽然不好、质地较粗,但仔细看绿色部分比白色部分的水头相对较好,颗粒感也比较细腻,因此是天然翡翠。而处理翡翠的透明度比较均匀,白色和绿色部分的透明度基本相同(图3-3)。

然而,翡翠中有些致色元素,如Mn离子的侵入,会使得翡翠晶体变大,导致其质地变粗,这就是我们常说的"十春九木""十春九垮"。因此紫罗兰翡翠的种

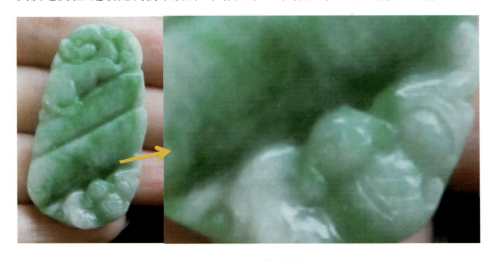

图3-2 天然翡翠挂件

水都比较粗短(图3-4)。了解了这一特点,我们在鉴别紫色翡翠时就需要多加注意了。

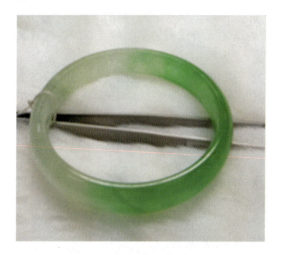 

图3-3　透明度几乎一致的处理翡翠　　图3-4　种水较差的春带彩翡翠

(3)光泽。大部分翡翠为玻璃光泽,而且这种玻璃光泽是明亮的,特别是一些种水好的翡翠,由于起荧的现象(图3-5),翡翠的光泽会更透亮。

另外需要注意的是,不是所有翡翠的光泽都是明亮的玻璃光泽,部分品种如油青种、藕粉地翡翠等显油脂光泽(图3-6)。从某种程度上来说光泽取决于组成翡翠的矿物的颗粒大小和排列方式等,另外还取决于抛光程度。对于处理翡

图3-5　天然翡翠的玻璃光泽和起荧的现象　　图3-6　油青种翡翠略显油脂光泽

翠而言，由于结构被破坏，光泽变弱，有经验的人通过观察光泽的强弱就可以区分天然的还是人工处理的翡翠。

（4）折射率。翡翠的折射率为1.65～1.67。但翡翠往往加工成雕件或者戒面，所以基本采用点测法进行折射率的测量，一般测得的数值为1.66。

（5）光性特征。翡翠为非均质集合体。透明度较好的翡翠，在正交偏光镜下，表现为全亮；若透明度较差，则无法在正交偏光镜下观察其特征。

（6）吸收光谱：翡翠含铁，因而在紫区（437nm）处有一诊断性吸收线。除此之外，绿色翡翠主要由铬致色，因而还可以显典型的铬谱，表现为在红区（690nm、660nm、630nm）具强吸收线。相比之下，染色翡翠在红区表现为模糊的吸收带。根据以上信息，可以通过观察吸收光谱来帮助鉴别翡翠（图3-7）。需要注意的是437nm吸收线基本接近吸收光谱的末端，加之翡翠透明度的影响，有时难以观察。

图3-7 绿色翡翠的吸收谱图(a)及染色翡翠吸收谱图(b)

（7）发光性。天然翡翠绝大多数无荧光[图3-8(b)]，少数绿色翡翠有弱的绿色荧光。极个别白色翡翠中若有长石经高岭土石化后可显弱的蓝色荧光。而人工处理的翡翠常常具有强烈的荧光[图3-8(a)]，因此，是否有荧光是我们区别天然翡翠和人工处理翡翠的重要依据之一。

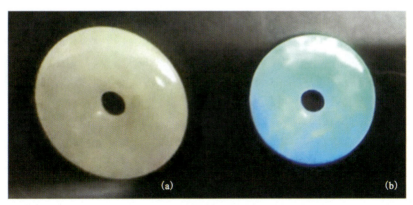

图3-8 荧光对比图

(a)为处理翡翠，显示均匀地蓝白色荧光；(b)为天然翡翠，无荧光显示

2. 力学性质

(1)解理(翠性)。解理,常称为翠性。硬玉具有两组完全解理,由于解理面反光的原因,在翡翠表面表现为星点状闪光,行业内称为翠性,又称为"苍蝇翅",这也是翡翠的重要特征(图3-9)。一般来说,结构粗的翡翠如"豆种",其翠性更明显,结构细腻的翡翠如"玻璃种"的翠性不明显。

图3-9 翡翠手镯上的"苍蝇翅",又称为翠性

翡翠的"苍蝇翅"是判别翡翠真假的重要标志之一。与其他玉石不同,翡翠的晶体以纤维状、柱状或颗粒状为主,因此它的晶体面和解理面会呈现纤维状或柱状闪光的"苍蝇翅",这是翡翠的特有现象,是判断是否为翡翠的依据。但"苍蝇翅"不能作为判定翡翠A、B、C货的依据,因为翡翠B、C货也会有"苍蝇翅"。观察翡翠的翠性时,可在阳光或灯光下,借助反射光在翡翠的表面寻找"翠性",在透射光下则很难观察到翡翠的翠性特征。

(2)硬度。翡翠的硬度一般为6.5~7.0。

(3)密度。翡翠的密度一般为3.25~3.40g/cm^3,随所含的Cr、Fe等元素的含量变化而变化。宝石级翡翠的密度一般为3.33g/cm^3。

在实训室内,我们可能会利用净水称重法或者重液法来辅助测量翡翠的密度。而在市场上,我们则可以通过用手来掂一掂重量去判断是否为翡翠。翡翠的密度高于与它相似的钠长石玉、岫玉、澳玉、马来玉(染色石英岩)和葡萄石等,但又低于水钙铝榴石等。有经验者可通过掂重来初步判断一块玉料或玉件是否为翡翠。

3. 结构

结构是指组成矿物的颗粒大小、形态及相互关系,常见的翡翠结构有粒状纤维交织结构、纤维交织结构、交织结构。

翡翠的结构对于翡翠的意义重大,翡翠的结构决定了翡翠的质地、透明度和光泽。换句话说,不同的结构表征出的翡翠质地是不同的。纤维状交织结构的翡翠表现为质地细腻、看不到颗粒,如玻璃种翡翠;而粒状纤维交织结构则表现为质地粗、颗粒感强,如豆种翡翠。

(1)透射光下看结构。结构的观察,对鉴定翡翠及其相似玉石是非常重要的一个依据。例如,珠宝市场上常常出现染色石英岩仿翡翠。石英岩是一种低档玉石,在透射光下具有典型的粒状结构(图 3-10),因此通过观察结构,我们可以判别翡翠的真假。

图 3-10　糖粒状结构及颜色沿颗粒边沿分布的染色石英岩

(2)反射光下看橘皮纹。翡翠表面具有橘皮纹特征,也称为微波纹。

由于翡翠内部结构是有多种矿物成分(颗粒)组成的,因此反映在翡翠表面的反光面上,出现有轻微上下起伏的不平坦表面。这就如同橘子皮,当我们远看时,感觉"橘子"的表皮是光滑的,但当我们近距离观察时,发现原来表面是轻微凹凸不平的(图 3-11)。这种橘皮纹现象可以在显微镜下观察到,也可以通过肉眼观察到,尤其是翡翠上反射光明暗交界的部位,比较容易观察(图 3-12)。

图 3-11　显微镜下放大观察到的橘皮纹
(胡楚雁博士 摄)

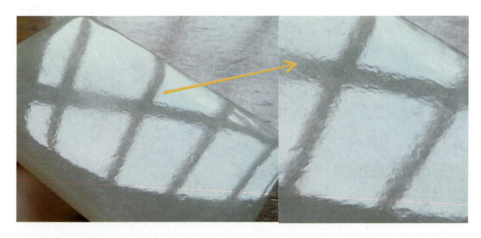

图 3-12　肉眼可见的橘皮纹

（3）翡翠内部的内含物。翡翠内部常常带有内含物，如棉絮、黑色杂质、裂纹以及黄色锈丝等。这些内含物的存在，可能会影响到翡翠的品质，并且对翡翠的鉴别是有一定的意义的。

棉絮是常见的一种现象，实际上是翡翠结构中部分晶体相对较粗的结果，呈现出来的是我们所看到的类似"白云""云絮"一样的东西，因为像棉絮状，就用"棉"来形容。天然翡翠的棉絮呈点状或小团状分布，即使是玻璃种翡翠也或多或少带有点状棉絮（图3-13）。相对而言，处理翡翠的棉絮是粗大的，给人颜色、水头很好，但结构粗、棉絮多的反差感觉（图3-14）。通过棉絮的观察，我们可以鉴定翡翠的真假。

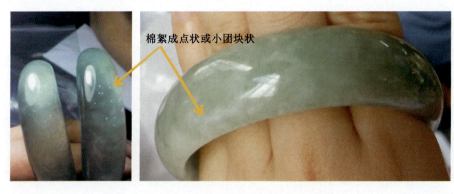

图 3-13　天然翡翠的点状及团块状棉絮

黄色锈丝指翡翠表面由于氧化作用,而出现的黄褐色"锈丝"(图3-15)。锈丝的出现往往呈现色调不均匀的现象,给人比较脏的感觉,但可以帮助我们鉴别翡翠。需要注意的是:不是所有的天然翡翠都有这种黄色的锈丝。在油青种翡翠中,比较容易观察到这种现象。如果没有这样特征,那么,我们就要去寻找别的特征来判别翡翠了。

图3-14 染色翡翠显示相对粗大的棉絮

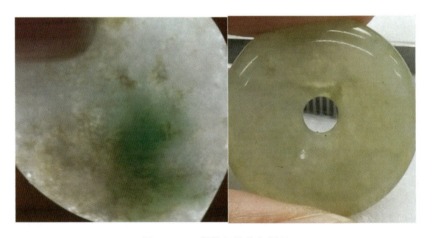

图3-15 翡翠上的黄色锈丝

三、翡翠的A货、B货、C货、B+C货

1. 定义

在市场上,我们经常听到A货、B货、C货或者是B+C货,这些称呼到底指的是什么呢?

(1)A货分成3种:①除了切磨抛光外,没有经过任何人为处理的翡翠,其中包括为了抛光而必须煮蜡的翡翠;②经过加热使得一些富铁质变红的翡翠;③经过轻微酸洗,但没有注胶的翡翠,这个酸洗往往是弱酸,如草酸或者杨梅酸,不会对翡翠结构造成破坏。

(2)B货分成2种:①经强酸浸蚀,再注胶处理的翡翠制品;②经过酸洗、大量注蜡的翡翠。翡翠B货在市场上也称"漂洗翡翠"或"洗过澡"的翡翠。

（3）C货是指经人工染色的翡翠制品。目前大多数染色翡翠，主要采用加热染色的方法处理。通常是在白色底子上染成绿色或紫罗兰色，或在天然淡绿色的基础上适当人为加些绿色。

（4）B+C货是指经过强酸浸蚀加注胶并人工染色的翡翠。

2. 处理的目的

翡翠漂白充填处理、染色处理主要是为了去除翡翠中影响颜色和透明度的杂质，充填和掩盖翡翠中的裂隙，降低翡翠的脆性，增添翡翠的颜色，以达到增加翡翠的美感的目的，从而提高售价以获得的高额利润。

3. 处理翡翠的价值

处理后的翡翠具有价值吗？B货、C货和B+C货翡翠由于是经过人工强酸浸蚀和染色处理的，其内部结构遭到了破坏，除了装饰作用外，已失去了原有的价值。

经优化处理的翡翠除了满足商业利润外，对消费者并没有太多好处。但由于翡翠资源的稀缺，对翡翠的优化又是势在必行的。只是如何优化，才能使翡翠最大限度地体现其原有的特点和自身的价值，这才是首要解决的问题。

4. 处理翡翠的定名规则

翡翠的处理品必须在鉴定证书中标明清楚。比如，天然A货的鉴定结论为"天然翡翠"或者"A货"。B货翡翠的鉴定结论一般为"翡翠（处理）""翡翠（充填）""翡翠（B货）"或"翡翠（经漂白注胶优化处理）"。C货翡翠的结论是"翡翠（染色）""翡翠（处理）"。需要注意的是，部分翡翠内部含有少量蜡或抛光粉，但由于含量较少，仍定名为天然翡翠，但若检测到这样的情况，则需要在特殊检测呈备注说明（图3-16）。

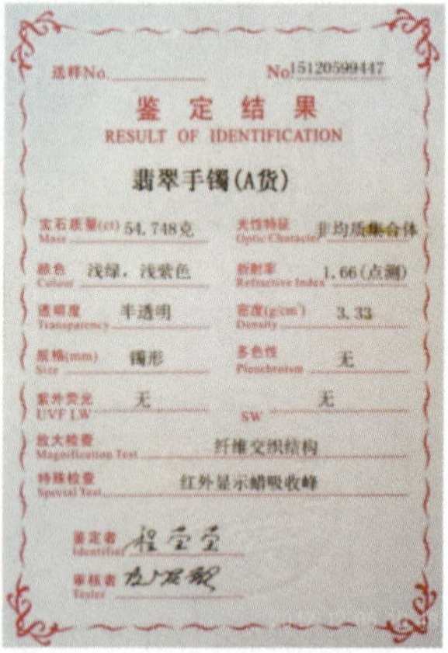

图3-16 翡翠鉴定证书

5. 处理翡翠的加工过程

处理翡翠的加工过程为：选料→加工成半成品并固定→酸碱浸泡→烘干→注胶→固化→打磨抛光。

（1）选料。进行处理的翡翠一般选择中、低档、中粗粒结构和裂隙多的翡翠，如豆种、花青、白底青等原料，而纤维状细粒结构和裂隙很少的翡翠一般不做此处理。

(2)切片、加固。将原料加工成半成品,同时对将要进行处理的翡翠原料,用耐酸耐碱的不锈钢丝捆扎固定,以防止原料在处理过程中相互碰撞,特别是处理后镯料结构松化,易造成破碎(图3-17)。

(3)酸碱浸泡、清洗、烘干。通过强酸的溶蚀使翡翠中的微裂隙和矿物间隙中存在的微细杂质颗粒被溶解消失,并使微裂隙与矿物间隙处于开放状态,便于后期的注胶(图3-18)。强酸的比例和浸泡时间、温度等属于商业秘密,不同的厂家有所不同。

图3-17 处理前对翡翠进行加固　　　图3-18 处理翡翠常用的酸

(4)注胶、固化。将翡翠置于真空装置中注胶(图3-19～图3-21)。在真空装置中先抽真空,然后加入环氧树脂使胶流入容器,再加压,将胶完全注入。由于有机胶的折射率与翡翠相近,掩盖了微裂隙和矿物间隙的存在,形成典型的B货翡翠。这时也可以加入有绿色染料的胶,或者在注胶前在翡翠表面涂色,注胶时由胶带入,制成B+C货,最后取出翡翠,在空气中自然固化。

图3-19 注胶用的设备　　图3-20 注胶　　图3-21 烘干、固化

(5)打磨、抛光。处理后的翡翠表面残留多余的胶以及显示出胶的光泽（图3-22），因此处理的最后一个步骤就是将表面多余的胶去除，并进行精细抛光。少数处理翡翠仅进行粗抛光后进入半成品市场，表面抹上一层油混入天然翡翠。

图3-22 处理后的翡翠表面残留多余的胶以及显示胶的光泽

图3-23 未抛光的B货毛料

四、处理翡翠B货、B+C货的鉴别特征

1.人工处理翡翠的市场动向

随着时间的推移，翡翠市场是在不断发展中的，翡翠的处理方法也在不断地改变。

从工艺设备来说，早期的设备相对简单，造成翡翠的处理特征比较明显；现在设备工艺更新了，结果是出现了"高B"翡翠，也就是模仿A货翡翠比较逼真的翡翠B货或翡翠B+C货。

从处理的品种上来说,早期的处理翡翠主要是为了仿制高档翡翠,特别是带翠色的翡翠。现今的处理翡翠有逐渐往低品质翡翠颜色方向发展的趋势,不再单一地染成翠绿色,还染成油青种或蓝水翡翠,甚至出现局部染色处理的翡翠以及四会天光墟中对未抛光的翡翠半成品也进行人工注胶、染色处理。

从鉴定特征来说,早期处理翡翠,其染料主要集中于翡翠裂隙之中,一般以色料在翡翠中呈丝网状分布为特征。随着工艺的改变,在注胶过程中可以使染料颜色淡化以及趋向于均匀,从而在染色部位无法看出色料呈丝网状分布的特征,给处理翡翠的鉴别增加了难度。

2. B货翡翠的鉴别

尽管由于工艺的改变,使得处理翡翠制品在外观上与翡翠A货十分相似,但鉴别特征还是比较明显的,主要从以下几方面鉴别。

(1)看整体色泽。如图3-24所示,此B货翡翠直观上整体泛白色,光泽度不明,有雾感,颜色与底子过渡不明显,浑浊不清。图3-25中的B货翡翠白色部位不够白,反而偏灰,显油感,绿色的部分看起来也不够鲜艳,表现出了B货常见的色根扩散的现象,也就是说色与底子过渡不明显。

图3-24 整体泛白的B货翡翠手镯　　　　图3-25 色根扩散的B货翡翠手镯

当然也有特殊的情况,如图3-26所示的天然紫色翡翠观音。这个观音属于糯种翡翠,看起来光泽度不高,飘花色带也不清晰、光泽偏油,令很多人误认为是处理翡翠。

(2)观察起荧现象。部分B货翡翠可以通过肉眼观察到"起荧"现象,通常显示的"荧光"为蓝白色或蓝紫色,也就是说透过光来看:B货翡翠泛紫色(图3-27、图3-28)。而透明度好、底子干净的翡翠,内部映衬出来的是黄光(图3-29)。原因是,黄光是人眼最容易感觉到的光。如果没有蓝色荧光的中和或者进

图 3-26　常被误认为是处理翡翠的天然紫色翡翠观音　　图 3-27　B 货翡翠的白色部分隐约透出紫光

图 3-28　B 货翡翠透出明显的紫光　　图 3-29　透明度好、底子干净的翡翠透出黄光

行特别处理，黄光都能得到突出，所以即便是无色翡翠，也能看到这种现象。

对于起荧效果非常明显的部位，天然翡翠的"荧光"为白色，比较自然的，这也与 B 货翡翠的起荧现象不同。

(3) 看透明度。B 货翡翠透明度过于均匀、一致（图 3-30、图 3-31），而天然翡翠的透明度或多或少存在不均匀的现象，尤其是绿色部分透明度往往要好

图 3-30　透明度过于均匀的处理翡翠　　　图 3-31　B+C 货翡翠仿古玉

一些。"龙到处有水",这句话就恰如其分地说明了天然翡翠的透明度。

（4）看结构。天然透明的 A 货翡翠内部棉絮较少,质地显得比较细腻,颗粒感不明显;而 B 货翡翠尽管很透明,但会显得棉絮较多、结构粗糙、颗粒感十分明显,给人以水头和质地相互矛盾的感觉（图 3-32）。

（5）看酸蚀纹。B 货翡翠通过放大镜观察表面可见蜘蛛网状酸蚀纹（图 3-33）,部分 B 货翡翠在处理过程中,由于结构被严重破坏了,不用借助放大工具,在反光处也可观察到酸

图 3-32　透明度过于均匀,但结构粗糙的 B 货翡翠

蚀纹（图 3-34）。A 货翡翠表面虽然也能见到细纹,但那是颗粒间的交接沟纹。有些质地较差的 A 货因抛光不良也常会出现一些沟纹,但这些沟纹只是出现在不易抛光的局部,而且边缘没有被深蚀的痕迹（图 3-35）。

（6）看光泽。B 货翡翠因裂隙中存在有机胶充填,光泽明显偏暗。如图 3-36(a)所示为处理翡翠,没有明显光斑,说明光泽黯淡,表面微观粗糙,给人浑浊的感觉。而图 3-36(b)为天然翡翠,尽管品种不太好,但可形成强烈光斑,说明反光强烈,表面光滑。

（7）看杂质。处理翡翠往往底色干净,黑色杂质、黄色锈丝等瑕疵比较少见（图 3-37）。

图 3-33　手镯的内侧比较容易观察的酸蚀纹　　图 3-34　反光处肉眼可见酸蚀纹

图 3-35　质地较差的翡翠出现的假酸蚀纹的现象

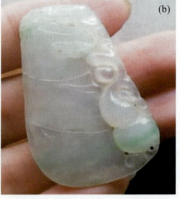

图 3-36　品质较差的天然翡翠与处理翡翠的光泽对比
　　(a)B 货翡翠;(b)天然翡翠

(8)紫外荧光灯检测。紫外荧光灯是鉴别处理翡翠的一个有效方法。这是因为处理翡翠内部充填了胶或者蜡,因而整体发出明显的蓝白色荧光(图3-38)。但需要注意的是,紫外荧光灯在鉴别天然翡翠与处理翡翠中存在几个例外。例如,天然翡翠也可能出现特殊情况。部分质地疏松、棉絮较多或者内部存在裂隙的天然翡翠也会出现局部荧光的现象,这是因为翡翠在抛光前需要经过一道过蜡的工

图3-37　处理翡翠瑕疵较少见

序,因此蜡集中的地方如裂隙处、难以抛光到的凹陷处等会出现局部荧光。

(9)其他特征。客观地说,个头较小的翡翠如戒面,尤其是镶嵌饰品,不借助于大型仪器,是很难找到鉴定证据的。因为颜色单一,底子单一,甚至抛光程度很好。但是根据B货翡翠的处理过程,不难推断B货翡翠吊坠或者戒面外形是很难出现尖锐的棱角地。如图3-39所示,马眼型翡翠戒面具有尖锐的棱角,这就说明,这个翡翠戒面很有可能是天然的。同样的道理推断出个头较大的摆件、手把件等翡翠饰品也是很难进行处理的。

图3-38　紫外荧光灯下处理翡翠整体发出的光蓝白色荧光

图3-39　具有尖锐棱角的马眼型翡翠戒面

3. C货、B+C货翡翠的鉴别特征

市场上,单纯的C货比较少见,大多数为B+C货。在鉴别过程中,除了上述所说的B货的特征外,还需要重点观察颜色的特征。

(1)色根是一种颜色生成的现象。一些高档翡翠,比如老坑种翡翠的颜色非

常均匀,组织结构细腻,因此看不到或者很难见到色根。大部分翡翠呈现条状、片状和团块状的绿色,其颜色的深浅都具有渐变特征,渐渐深入到翡翠组织和结构的内部,或者是某一条较深的绿,渐渐地过渡到较浅的绿之中。而C货、B+C货翡翠的颜色无根、发散、有浮感,即绿色部分从浓到淡、从有到无,过渡得几乎让人看不出从哪里开始有颜色,色根扩散(图3-40)。

图3-40　B+C货翡翠颜色无色根

(2)颜色在裂隙中较为集中或出现"颜色见光死"的现象。如图3-41所示,染色翡翠的颜色呈丝网状分布,即颜色沿颗粒与颗粒之间的界线集中。图3-42中的翡翠在自然光下颜色为鲜艳的绿色,且无法看出色料呈丝网状分布的特征[图3-42(a)],但打透射灯后,发现颜色发散,即所谓的"见光死"[图3-42(b)],这也是染色翡翠的典型特征。

图3-41　染色翡翠的颜色呈丝网状分布　　图3-42　"见光死"是染色翡翠的典型特征

(3)染色翡翠往往出现颜色与质地、光泽相互矛盾的地方。例如,除了糯化地紫罗兰或者是玻璃种的紫罗兰翡翠外,大多数天然紫色翡翠是豆种的,即便不是豆种,颜色也往往不够均匀(图3-43)。染色的紫罗兰翡翠却常常表现得很"完美",给人感觉是颜色鲜艳、均匀、质地细腻、水头好。这种现象要引起我们的注意。

图3-43 天然紫色翡翠的颗粒感往往比较强

(4)染出的绿色与天然的绿色在色调上会有不同,从而出现"色上加色"现象(图3-44)。

(5)吸收光谱检测。人为地可以将翡翠染成各种颜色,但吸收光谱的检测一般适用于染绿色的翡翠和天然绿色翡翠的鉴别。通过吸收光谱的测试,染色翡翠在光谱红区有明显吸收带,而天然绿色翡翠的光谱红区显示阶梯状的吸收线(图3-45)。

图3-44 染色翡翠出现的"色上加色"的现象
(胡楚雁博士 摄)

(6)紫外荧光灯检查。如前文所述,C货翡翠和B+C货翡翠可能会有强荧光出现。但如果看不到紫外荧光,则是因为染料将紫外荧光遮掩住了。

五、残留抛光粉较多的翡翠

翡翠"粉重"是市场衍生的对鉴定标准打"擦边球"的一种造假行为。目前翡

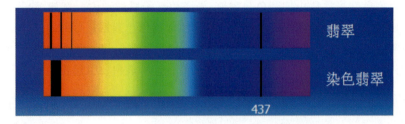

图 3-45　翡翠及染色翡翠吸收光谱对比图

翠市场上可常见到这类翡翠。

　　翡翠"粉重"是因为翡翠抛光后省略了清洗表面上抛光粉的工序,而直接封腊将其固定于翡翠表面。即部分的抛光粉会残留在表面,不进入内部,既没有破坏翡翠的结构,又能提高翡翠的颜色档次,但是佩戴一段时间后,抛光粉会逐渐脱落,逐步还原翡翠真实的颜色。因此带有一定的欺骗性。如图 3-46 所示,"粉重"的翡翠看似春带彩手镯,经过一段时间的佩戴后,颜色逐渐变浅、变白,但水头提升了。

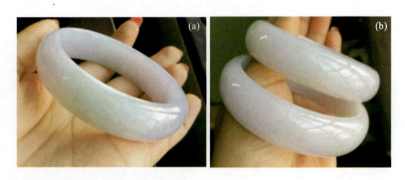

图 3-46　"粉重"的翡翠(a)及出现的"掉粉"现象(b)

　　这种方法处理的都是低档翡翠。把翡翠处理成绿色、紫色、"春带彩"等。处理过的翡翠,颜色提高了一个档次,但是价格不高,大家在购买时不要贪图便宜,也不要认为低价也能买到色好的翡翠。如图 3-47 所示,批发市场上可以见到类似春带彩的手镯、种粗、价格便宜,但几乎都残留较多的抛光粉。

1. 含抛光粉过多的翡翠的定名规则

　　目前,对于抛光粉使用过多的情况,要求标注在翡翠鉴定证书中。鉴定证书上备注栏里面有一项:样本表面可见抛光粉(图 3-48)。很多人可能会不注意备注栏里面的内容,或者根本就不太懂备注栏里面写的是什么意思。认为只要

图3-47 残留抛光粉较多的春带彩手镯

图3-48 残留抛光粉较多的翡翠鉴定证书

看到标注的是国家权威证书的A货翡翠就可以放心购买,这是不对的,建议大家以后购买高价翡翠的时候需要谨慎。

2. 残留抛光粉较多的翡翠鉴别特征

抛光粉本是抛光过程中正常要用的,翡翠的抛光通常使用金刚石微粉、刚玉微粉和一些人造抛光粉进行抛光。其中一种绿色抛光粉叫做氧化铬,这种抛光粉本身就是绿色,若是在抛光过程中温度很高,氧化铬就会附着在翡翠上,这种情况下翡翠就会看起来更加绿,起到一定程度的染色作用。因此在手镯的抛光过程中,这种抛光粉致色的方法被广泛地使用。这种方法主要针对低档的、且本身略带点底色的翡翠,无色翡翠较少见。而且这种方法大多数用在镯子上,在戒面、挂件等饰品上比较少见。抛光粉残留的翡翠肉眼可观察到一层抛光粉。需要注意的是,加了抛光粉的翡翠在颜色上会更加好看些,可是种水会被遮住一点,经过一段时间的佩戴或是水洗,残留抛光粉会减少,翡翠的颜色相应会变浅,种水则会高出一点。若用放大镜观察抛光粉残余的翡翠,会发现绿色或者紫色的抛光粉呈点状分布在表面上(图3-49)。

六、与翡翠伴生的玉石

近几年,在翡翠市场上,常见到翡翠与钠长石、角闪石等矿物共生的玉石出现,使得相关的生意纠纷事件频繁发生,并且各组分矿物所占比例的认定也使检测机构在出具检验报告时发生矛盾。

1. 翡翠与钠长石共生的玉石

与翡翠伴生的含钠长石质的玉石是指在一只手镯或者挂件上,即有钠长石

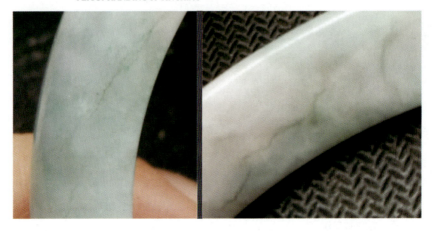

图 3-49　放大观察显示绿色抛光粉呈点状分布于表面

又有翡翠,两者共生在一起(图 3-50)。

　　缅甸翡翠围岩中就有钠长石玉产出。钠长石翡翠是由钠长石和翡翠组成,主要产于钠长石翡翠过渡带或钠长石岩带。这部分共生玉石在外观上与翡翠非常相似,但绝对与传统的翡翠定义有所区别,但国标上尚未对这类型的共生玉石有定论。一般来说,当硬玉含量不足 70%,钠长石含量超过 30% 时,是不能出具翡翠鉴定证书。

　　这部分与翡翠伴生的含钠长石质的玉石因内部含有的钠长石含量不同,肉眼鉴别起来具有一定的难度。总体来说,这类玉石透明度比较不均匀,透明度较好的部分往往显示出钠长石玉典型的灰白色,而且具有糖粒状结构,不透明的部分常常显示绿色调以及白色棉絮,如图 3-51 所示,市场上常见的钠长石与翡翠共生的翡翠手镯。此外,与翡翠伴生的含钠长石质的玉石比翡翠手感略轻。

图 3-50　钠长石与翡翠的共生原石

图 3-51　钠长石与翡翠共生的翡翠手镯

莫西西外观看似干青种翡翠,具有浓艳的绿色,但实质仍是翡翠与钠长石共生组合的玉石(图3-52)。从成分上来说,莫西西主要由分布不均的铬硬玉、钠长石和钠铬辉石等矿物组合而成的,主要矿物成分不是硬玉,其密度、折射率等也会因矿物组成的不同而变化。一般来说,莫西西中的硬玉含量不足70%,而钠长石含量超30%,因此不能出具翡翠证书,在购买时需要特别注意。肉眼有时可以快速地将莫西西与干青种翡翠区分开来。干青种翡翠,顾名思义,水头很差,不通透。这种翡翠制成的手镯或者挂件等块头较大的饰品在手电筒的照射下透光性不好。而莫西西看似透明度不好,但在透射光照射下,透光性较好,微透明的部分有时还可显示出钠长石玉典型的灰白色调(图3-53)。而对于一些薄片,要区分出究竟是铁龙生翡翠、干青种翡翠或是莫西西,就需要借助大型仪器来鉴别了。

图3-52 外观看似于青翡翠的莫西西

图3-53 莫西西显示出钠长石玉典型的灰白色调

2. 角闪石类与翡翠共生的玉石

角闪石矿物在翡翠中以两种形式存在,一种我们称之为"癣",从外观上看常与翡翠的绿色部分共生,俗称"癣吃绿""绿随黑走",其结构与翡翠相似,光泽差异不大(图3-54)。这类的黑色角闪石是翡翠形成后期才形成的,当其含量较多时,会使翡翠整体呈黑色,被业内认为是"墨翠"的一种,品质较为低廉。另一种为透明的闪石类矿物,与钠长石特征相似,

图3-54 绿色的翡翠与黑色的角闪石共生

与翡翠在光泽和结构上具有明显的差异。这类角闪石作为翡翠内部组成成分中的次要矿物存在。

角闪石对于翡翠比重的影响较小。针对其对翡翠光泽和整体性的影响，珠宝玉石检测机构在出具证书时，当角闪石的含量在30%～50%之间，仍可通过备注进行说明，但当角闪石的含量>50%时，则需在定名中表明。而对于透闪石，则须如同对钠长石一般严肃对待。

3. 钙铝榴石与翡翠共生的玉石

对于钙铝榴石这种共生矿物，现阶段的研究仍旧不多。在检测过程中极少会遭遇这种情况，当然也可能是被忽略了。

钙铝榴石共生矿物有两种类型，一种为白色的钙铝榴石矿物，粒状结构、种质粗，在翡翠上形成白色的斑块，边界清晰，十分容易区分。另一种为绿色的钙铝榴石矿物，常存在于满绿翡翠中。它与翡翠并无明显边界，光泽、颜色也一致，结构也随共生翡翠不同而有所不同。目前，在中国地质大学检测中心检测的过程中只见过两粒。一粒为接近冰种的满绿戒面，内部存在的钙铝榴石与翡翠的结构相似，无明显边界，且这颗共生玉石的红外透射也相同，但在滤色镜下可显示不同的特征：钙铝榴石部分显示粉色，翡翠部分仍为绿色。另一粒则相对容易检测出，为一粒满绿的微透明的圆珠，翡翠部分具有完好的粒状纤维交织结构，钙铝榴石部分则为粒状结构，有明显的结构过渡，光泽、颜色一致。

通过对样品的比较表明，与钙铝榴石共生的翡翠样品并没有较为统一的种地，也就是说，任何种的翡翠都可能共生这种矿物，这也给鉴定带来一定的难度。

七、浸蜡的翡翠

目前翡翠业内，把抛好光的翡翠成品放到滚烫的石蜡溶液里进行火煮，称为浸蜡，或煮蜡。这种应用很普遍，多用于质地粗的翡翠上，如豆种、紫罗兰、干白地等翡翠。浸蜡之后翡翠表面更光洁，种水会提高，甚至可以覆盖表面的微小纹裂等瑕疵，手感略涩，如图3-55所示，浸蜡的翡翠种水往往较好，但色根并不明显，地与色的过渡也不明显。浸蜡后的翡翠经过一段时间后佩戴后，原本被隐藏的各种裂纹、棉絮就会显露出来，甚至颜色发黄，透明度降低。如图3-56所示，浸蜡翡翠上出现了明显的黄色裂纹，图3-57中的翡翠看似黄翡但颜色变黄的浸蜡翡翠，出现的这些缺陷往往让消费者有种上当的感觉。

这是因为浸蜡就是在火煮石蜡的过程中（图3-58、图3-59），翡翠受热膨胀，翡翠晶体间的间隙加大，石蜡不仅会附在翡翠的表面，还会沿着矿物颗粒间隙、微裂隙渗透到翡翠内部，这与翡翠染色处理的机理基本一致，在效果上与翡

图3-55 注蜡的翡翠　　图3-56 浸蜡翡翠上出现黄色的裂纹　　图3-57 看似黄翡但却是颜色变黄的浸蜡翡翠

翠B货特征类似(图3-56),会呈现出酸蚀纹的特征,并且在紫外荧光灯的照射下,会显示与B货翡翠一样强烈的紫色荧光。

浸蜡属于表面处理,具有时效性,耐久性差,一般遇见高温或者10天左右蜡会脱落。浸蜡的目的是从翡翠的内部开始整体改变翡翠的种水,提高翡翠的水头和品质,来提高销售价格。因此这种方法是不受推崇的。

图3-58 对翡翠手镯进行浸蜡处理　　图3-59 浸蜡后的翡翠

浸蜡本是翡翠雕刻加工过程中的一道传统抛光工序,如今却变了味。那么浸蜡的翡翠能出具证书吗?目前对于珠宝检测站来说,对翡翠的浸蜡始终没有明确的标准界定,仍属于翡翠鉴定的一个盲区。质检站往往将质地粗、结构松散,"过分"浸蜡的翡翠制品也当作翡翠 B 货来看待,利用红外吸收光谱分析翡翠内部含蜡量的高低来界定。当红外光谱谱线中有机蜡的吸收峰很微弱的,紫外荧光也较弱,仅在表层含有少量蜡的翡翠制品,就确定为翡翠,仍属于天然翡翠的范畴;若红外吸收光谱谱线中有机蜡的吸收峰很强,且翡翠出现比较强的紫外荧光,则说明翡翠中含蜡量过高,可以认定其为处理翡翠。

目标:完成 5 粒未知标本的测试,填写实训报告。

要求:通过肉眼及常规仪器对标本的基本宝石学性质进行描述,重点观察内、外部特征。

实训报告范例:

标本号:12	鉴定结果:翡翠(染色漂白处理)
琢型:手镯	质量:40.00g
折射率测试:1.66(点测)	相对密度:3.33
颜色及颜色分布特征描述:豆色,颜色无色根,有浮感	
光泽:表面光泽度不高	
荧光测试:长波下可见明显的蓝白色荧光	
放大观察内、外部特征:质地比较均匀,可见大块棉絮及裂纹;绿色部分与白色部分透明度基本一致;无色根,且白色部分透出紫光;表面见明显酸蚀纹	

一、判断题

(　)1.浸蜡是宝玉石中常用的优化处理方法,玉石的浸蜡处理已经被人们广泛接受,可以当天然品出售。

(　)2.翡翠的解理不发育,所以韧性好,不易裂开。

(　)3.组成翡翠的矿物粒度越不均匀,颗粒边缘越不平直,则对光的折射作用越强,透明度越低。

( )4.白色背景有利于翡翠荧光的观察。
( )5.染色翡翠在查尔斯滤色镜下都会变红。
( )6.翡翠的光性特征可以称为光性均质体。
( )7.染色的翡翠都具有与天然翡翠不同的可见光吸收光谱。
( )8.玻璃质地翡翠由硬玉质成分的玻璃(非晶)态物质组成。
( )9.油青种翡翠的主要组成矿物是绿辉石,铁龙生翡翠的主要组成矿物是钠铬辉石。
( )10.所有的翡翠均能见到"翠性"。

二、不定项选择题

1.硬玉的化学式为(   )
　A. Al_2SiO_5　　B. $NaAlSi_2O_6$　　C. $CaMgSi_2O_6$　　D. $NaAlSi_3O_8$

2.翡翠的主要产地是(   )
　A.中国　　　B.缅甸　　　C.美国　　　D.俄罗斯

3.行业中称之为墨翠的构成矿物成分中,介于硬玉和透辉石之间的矿物为(   )
　A.钠铬辉石　　B.普通辉石　　C.角闪石　　D.绿辉石

4.翡翠行业中俗称"油青种"的主要矿物成分是(   )
　A.硬玉　　　B.钠铬辉石　　C.绿辉石　　D.钠长石

5.翡翠行业中俗称的"干青种"主要矿物成分是(   )
　A.硬玉　　　B.钠铬辉石　　C.绿辉石　　D.钠长石

6.翡翠的结构决定了翡翠的(   )
　A.颜色　　　B.瑕疵　　　C.质地　　　D.光泽　　E.透明度

7.翡翠的透明度与_____有关。(   )
　A.颗粒粗细　B.结构的紧密程度　C.成分组成　D.致色离子　E.工艺

8.漂白充填翡翠的鉴定特征为(   )
　A.光泽弱　B.颜色分布无层次感　C.表面具有微波纹　D.结构松散
　E.酸蚀纹

9.翡翠的翠性是指(   )
　A.矿物解理闪光　　　　　B.矿物破裂面闪光
　C.矿物裂理面闪光　　　　D.矿物双晶面闪光

10.翡翠的光泽强弱与下列哪几个因素有关?(   )
　A.硬度　　　　　B.颜色深浅　　　C.表面抛光程度
　D.矿物集合方式　E.折射率　　　　F.光吸收系数

11.翡翠(处理)是指(   )
　A.用强酸碱处理后加高分子胶,加入颜色　　B.只要用强酸碱处理过

C. 加热后加色　　D. 洗过的　　E. 在裂隙中有充填胶或色料
12. 覆膜翡翠的颜色均匀,表面光泽为(　　)
　　A. 丝绢光泽　　B. 玻璃光泽　　C. 树脂光泽　　D. 金刚光泽
13. 翡翠酸蚀后浸胶后红外光谱吸收峰(单位:cm^{-1})是(　　)
　　A. 3036,3040　　B. 2800,2900　　C. 2900,3050　　D. 2800,3200
14. 一粒绿色翡翠在二色镜下表现为(　　)
　　A. 多色性明显　　B. 多色性不明显　　C. 有多色性　　D. 无多色性
15. 为了区别天然与充胶处理翡翠,可采用的宝石学测试方法有(　　)
　　A. 电子探针　　B. X-荧光分析　　C. 紫外荧光　　D. 红外光谱
16. 将非透明的衬底物质加到宝石的底面上,可以使用像镜子一样的反光物质(例如银衬或锡箔)来增加宝石亮度和透明度的方法,称为(　　)
　　A. 镀膜　　B. 二层拼合　　C. 衬底　　D. 涂层
17. 红翡的红色来自(　　)
　　A. 辉石　　B. 褐铁矿　　C. 赤铁矿　　D. 绿辉石
18. B货翡翠的鉴定结论为(　　)
　　A. 翡翠(处理)　　B. 翡翠(注胶)　　C. 翡翠(B货)
　　D. 翡翠(经漂白注胶优化处理)
19. 翡翠可能具有的结构主要有(　　)
　　A. 纤维状短柱状交织结构　　B. 柱粒状交织结构
　　C. 粒状结构　　D. 纤维状结构
20. 浸蜡的翡翠饰品有如下哪些特征?(　　)
　　A. 裂隙见充蜡　　B. 表面具有蛛网纹　　C. 紫外灯照射下可发荧光
　　D. 可见泛黄的裂纹　　E. 颜色无层次感　　F. 表面光泽较强

三、问答题

1. 行业俗语"龙到处有水"是什么意思?如何通过它来帮助我们鉴别翡翠?
2. 市场上常见的翡翠处理方式有哪些?如何鉴别处理翡翠与天然翡翠?

第四章　翡翠与其仿制品的鉴别

翡翠是"玉石之王",是一种多矿物集合体。它主要由硬玉以及其他辉石类矿物组成,含少量闪石、长石类矿物。目前,世界上至少90%的宝石级翡翠都产自缅甸。翡翠颜色艳丽,种类繁多,不同颜色组合更增加了它的美感。

由于国内市场因素以及规范化的缺失,玉石市场成为了利益博弈下最风起云涌的一块,容易成为了各种造假技术的狩猎场。现今面对巨大利益的诱惑,各种次品、赝品充斥着市场,给市场的公平与和谐带来了不小的挑战。如何才能有效地规范市场正是摆在所有质检工作者面前的一道难题,既不能放纵市场,让公平向利益倾斜,也不能小题大做,引起市场恐慌。

1. 熟悉翡翠仿制品的种类。
2. 熟悉翡翠仿制品肉眼观察特征。
3. 掌握翡翠仿制品实验室常规仪器检测特征。
4. 了解翡翠仿制品大型仪器检测特征。
5. 设计并出具翡翠的仿制品检测报告。

一、常见翡翠仿制品的种类

仿宝石是指用于模仿天然珠宝玉石的颜色、外观和特殊光学效应的人工宝石以及用于模仿另外一种天然珠宝玉石的天然珠宝玉石。"仿宝石"一词不能单独作为珠宝玉石名称。由于翡翠美丽的颜色和细腻的结构,其市场价值极高,因此与翡翠外观相似的宝玉石自然成为翡翠的仿制品,如软玉、独山玉、染色石英岩、脱玻化玻璃、绿玉髓、水钙铝榴石、东陵石等。常见仿翡翠的宝石种类如下:

(1)仿天然翡翠品种:钠长石玉、钙铝榴石、独山玉、蛇纹石玉、玉髓、软玉、东陵石等。

(2)仿优化处理翡翠品种:染色石英岩等。

(3)仿合成翡翠品种:玻璃等。

1. 钠长石

仿翡翠的钠长石主要有3个品种。

(1)主要用来仿冰种翡翠,通常称之为"水沫子",具有纤维或粒状结构,颗粒较细,光泽明亮,但在白色透明的底子上常分布着少量白色的棉絮(图4-1)。这类近似玻璃种翡翠的水沫子经常被加工成蛋面、戒面并镶嵌成饰品,由于戒面较小往往容易看走眼。

(2)主要用来仿飘蓝花翡翠,该类钠长石多成纤维结构,近透明到半透明,分布有蓝绿色的斑块,形似飘花(图4-2)。

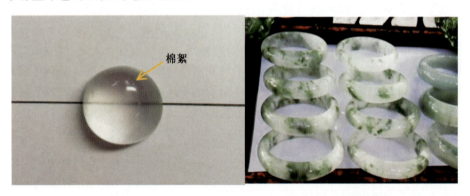

图4-1 近似玻璃种的水沫子戒面　　图4-2 飘花绿色水沫子

(3)主要用来仿干青种翡翠,称之为"莫西西",是一种以钠长石为主,含其他辉石类矿物的玉石,整体呈绿色。这类莫西西看似干青种翡翠,实则内部硬玉,含量不足70%,钠长石含量超过30%,因此不能出翡翠证书。鉴别时,通常观察可见钠长石的暗色透明背景(图4-3),且整体光泽明显较暗,比重较轻,放大镜下可观察其纤维结构,可与翡翠区分。

2. 石英岩或染色石英岩

(1)染色石英岩。石英岩玉属于一种常见的低档玉石品种,基本不透明,具有粒状结构、玻璃光泽,但颜色种类众多,常见有黄色、绿色、白色等(图4-4),盛产于河南、贵州、广东等地,且不同的产地名字有所不同。这类低档玉石常被染成各种颜色,与其他矿物相比,染色石英岩是

图4-3 看似干青种翡翠的莫西西

市场上最为常见的翡翠仿制品(图 4-5),也最易区分,可以根据其特殊的颜色分布及粒状结构进行辨识。在检测中我们发现,与早期的石英岩染色后再封蜡不同,现今的染色石英岩常用注胶来固定颜色,可以染成绿色的、紫色或黄色。

(2)透明度很好的石英岩。这类石英岩没有明显的颗粒结构,与常见的不透明、具有明显粒状结构的石英岩玉不太一样,常被误认为是钠长石玉或者冰种翡翠(图 4-6),在云南瑞丽玉石市场上随处可见。

3. 东陵石

东陵石属于二氧化硅石英岩类的玉石,呈深绿色到浅绿色,半透明状,光泽度没有翡翠高。因为东陵石分布有平行排列的绿色铬云母片,可形成不同深浅的绿色(图 4-7)。在打投射灯时,可观察到其绿色的铬云母片呈点状分布(图 4-8、图 4-9)。因东陵石有一定的绿色,价钱又不高,颇受不少女士们的青睐。

图 4-4 黄色石英岩

图 4-5 染色石英岩手链

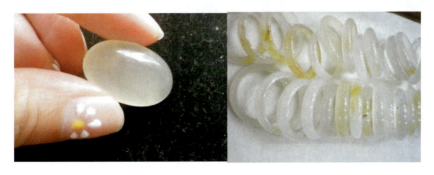
图 4-6 透明度非常好的石英岩戒面和手镯

 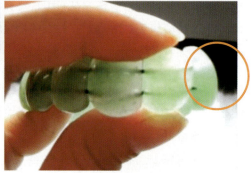

图 4-7　颜色深浅不同的东陵石玉手镯　　图 4-8　打灯时肉眼可见颜色呈点状分布的东陵石

4. 玛瑙和玉髓

玛瑙和玉髓同属于隐晶质二氧化硅类的玉石,在外观上与高档翡翠非常地相似。自身产量高而导致价值普遍不高,但因质地细腻、颜色均匀鲜艳,往往用来仿制绿色高档翡翠,尤其在绿色戒面镶嵌而成的戒指中最为常见。

玛瑙和玉髓具有典型的隐晶质结构,质地细腻,无颗粒结构,棉絮较少或无,且玛瑙和玉髓与翡翠的颜色分布特征不同,玉髓往往颜色分布均匀,而玛瑙往往带有平行的条带(图 4-10、图 4-11)。

图 4-9　放大镜下东陵石的内部颜色分布及结构

图 4-10　玛瑙的平行或同心圆状条纹　　图 4-11　产于云南的黄龙玉(黄色玉髓)

5. 符山石

仿翡翠的符山石主要有绿色、黄色和黄绿两彩 3 种类型(图 4-12)。均匀的颜色以及放射状的纤维结构是其区别于翡翠的主要特征。

检测中发现,黄色符山石常与黄色钙铝榴石共生(图 4-13),其红外图谱也较为接近,需要特别注意(符山石与钙铝榴石均为钙质矽卡岩的早期矿物)。

图 4-12 符山石玉

图 4-13 符山石,局部共生钙铝榴石

图 4-14 钙铝榴石

6. 钙铝榴石

钙铝榴石可以说是仿制翡翠的全能冠军,从白色、黄色、绿色的单色翡翠,到白底青、白绿黄的三彩翡翠,都可以模仿得惟妙惟肖(图4-14、图4-15)。钙铝榴石与翡翠具有相似的光泽和密度,使其观感、手感都不逊色于翡翠,也增加了其鉴识的难度,尤其是白色、黄色品种。

图4-15　与黄翡相似的钙铝榴石原石(a);黄色翡翠原石(b)

钙铝榴石具有特征的粒状结构,但是当其具有一定的透明度时,其特征是不明显的。钙铝榴石中存在的黑色矿物包体以及与翡翠截然不同的红外透射、反射图谱,可作为鉴定的依据。

7. 独山玉

独山玉也称为"南阳翡翠"(图4-16)。其外观特征和常规仪器鉴定特征与翡翠非常相似,例如独山玉的折射率是1.50～1.70,其范围涵盖了翡翠的折射率值。利用常规鉴定仪器检测时就有一定的难度。早期市场上出现的独山玉一般为河南南阳产出,目前基本不再开采,因此独山玉价值不亚于翡翠。目前市场上独山玉仿制翡翠的情况很少见。

近一两年来,河南南阳的玉石市场出现不少独山玉的新品种,产地不明。如图4-17所示,新流行的独山玉以绿色为主,看似白底青翡翠,但仔细观察,可见绿色呈点状分布,底色偏白,略带油脂光泽,放大后观察可见粒状结构。

8. 玻璃

玻璃被称为万能的仿制品。早期的玻璃内部可以见到明显的气泡和搅动纹理(图4-18)、颜色漂浮,如今随着工艺的提升,脱玻化的玻璃内部具有树枝状雏晶,与天然宝石内部的包体相似,具有较高的欺骗性(图4-19)。市场用玻璃仿制的"新疆冰翠玉",虽然仍有玻璃透明、翠色以及气泡的特点,但由于与天然宝石内部的包体相似而不易被识别(图4-20)。

图 4-16 河南南阳盛产的独山玉手镯

图 4-17 市场上流行的"新"独山玉（李孔亮 摄）

图 4-18 早期仿制高档翠色翡翠的玻璃

图 4-19 翡翠与脱玻化玻璃对比图（胡楚雁博士 摄）

9. 岫玉

岫玉又称为蛇纹石玉，产量大，是一类中、低档的玉石。在珠宝市场上常见有 3 种类型的岫玉。

（1）黄绿色岫玉。以黄绿色为主，颜色均匀分布，质地细腻（图 4-21）。其中透明度较好的岫玉可以达到明亮的玻璃光泽；而透明度较差的岫玉，内部往往

图4-20　玻璃仿制的"新疆冰翠玉"

带有棉絮,光泽稍弱。这类岫玉可以典型的黄绿色和细腻的质地等特征与翡翠进行区别。

需要注意的是,"血丝玉"在很多古玩店里被称为古董,其实就是染色岫玉(图4-22),并非天然的。仔细观察其颜色特征便可发现颜色在裂隙处浓集,成丝网状分布,这是典型的染色特征。

图4-21　黄绿色岫玉　　　　　图4-22　染色岫玉(血丝玉)

(2)白色岫玉。以白色为主,质地细腻,透明度较好,但内部往往带有黑色的、略带有金属光泽的矿物包体。如果设计得当,其内部的包体可呈现出水墨画的感觉。从整体上看,这类岫玉以白色为主,但是依然会透出黄绿色的色调,这是鉴别的关键(图4-23)。

(3)黑色岫玉。与墨玉外观相似,打灯照射时可以透出绿色调。岫玉一般光泽度不高,质地细腻,打灯显示典型的黄绿色,并可见具有金属光泽的矿物包体(图4-24),相比之下,墨翠往往透出的是翠绿色,且光泽度比岫玉高(图4-25)。

10. 葡萄石

葡萄石是一类珠宝市场上常见的中、低档宝石,颜色以黄色、绿色为主,呈半透明状,具有类似于葡萄结构的纤维状结构,且内部常常见到黑色的柱状、针状包体(图4-26)。这类玉石在过去主要做成珠串、手链等饰品,价格不高。

图4-23 白色岫玉

图4-24 黑色岫玉

近几年,市场上出现了一批高品质的葡萄石戒面,这些戒面颜色分布非常均匀、通透,并且具有起荧的效果(图4-27),经过镶嵌成首饰后,价格不菲,但相对于类似品质的翡翠镶嵌饰品来说,价格还是便宜很多。

11. 辉石

当单晶质的辉石足够小,足够透明,又存在异常发育的解理时可以用来仿制翡翠,并且可以仿得很逼真。因为它们有一样的光泽,一样的折射率,接近的密度以及同样的红外光谱特征(图4-28)。

图4-25 墨翠(翡翠)

图 4-26　带有黑色针、柱状包体的葡萄石　　图 4-27　高档葡萄石戒面

那么,如何区分它们呢?

除了用偏光镜、二色镜(检测翡翠时这些仪器我们几乎用不到检测,用显微镜下观察尤为重要,特征的气液包体和锯齿状的解理特征都是值得怀疑的。除此之外,红外反射图谱的微小差异可指示其矿物种属,具体表现为翡翠的 3 个典型吸收峰附近存在 850cm^{-1} 和 750cm^{-1} 两个小的吸收峰。

二、翡翠及其仿制品的鉴定

翡翠及其仿制品可以通过肉眼和鉴定仪器进行鉴定,通过观察其颜色、光泽、质地、内含物等内、外部特征以及相关仪器测试的宝石学数据进行区分。

检测的一般步骤是:样品的肉眼检测→常规仪器检测→大型仪器测试。

图 4-28　油绿透亮的铬透辉石

1. 翡翠及其仿制品的肉眼检测

尽管仿制品在外观上很相似,但它们的颜色、色调以及分布、质地又不同。在真假混乱的翡翠交易市场上,肉眼鉴别是第一步。当我们拿到样品时,首先要学会对颜色、质地等外观进行观察。

用肉眼或者借助 10 倍放大镜观察翡翠及其仿制品,可以从颜色分布、透明度、光泽、结构、质地、内含物等内、外部特征来进去区别。一般来说，翡翠及其仿制品有如以下特征。

(1) 翡翠。颜色以绿色、红色、黄色和紫色为主，一般分布不均匀，呈点状、丝状、团块状分布(图4-29)；具有明亮的玻璃光泽，部分呈现油脂光泽；结构为纤维状粒状或局部为柱状的集合体；常带有微小的解理面闪光"翠性"，杂质及棉絮，透明度为透明-半透明-不透明。

图4-29 翡翠的色根

(2) 软玉。颜色多为绿色、白色、黄色，大部分颜色分布均匀；具有油脂光泽；结构为毛毡状结构(不同产地的软玉其结构略有不同，如萝卜纹、稀饭粒结构)；质地细腻，常见黑色矿物杂

图4-30 碧玉板指

质、偶见水线，常呈微透明-不透明。如图4-30所示，碧玉板指的颜色分布均匀，但不够鲜艳，可见黑色矿物包裹体，且质地细腻。

(3) 玉髓和玛瑙。颜色多为绿色、黄色、蓝色、紫色，颜色均匀分布或者呈条带状分布；具有玻璃光泽；结构为隐晶质结构，质地非常细腻；偶见固体包体，透明度较好。如图4-31所示，玛瑙表现为细腻的质地、玻璃光泽、较好的透明度，且绿色呈深浅不同的平行条纹分布。

(4) 钠长石玉。颜色多为无色、绿色或者飘蓝花；相对于翡翠来说，光泽较弱；具有典型的糖粒状结构；透明度往往较好，外观类似冰种翡翠。若为飘蓝花品种，其蓝色条带呈定向排列。如图4-32所示，钠长石玉的手镯光泽度不高，且可见大团的棉絮以及蓝绿色定向排列的条带。

(5) 岫玉。颜色以黄绿色、白色、黑色为主，分布均匀或者夹杂白色条带；具有玻璃光泽；为晶质集合体，常呈细粒叶片状或纤维状；常见金属光泽的黑色包体，含白色条纹，透明度一般较好，在挂件、戒面等饰品弧度饱满的部位可见起荧现象。如图4-33所示，岫玉表现为典型的黄绿色，质地非常细腻，且有微弱的起荧现象。

图4-31 玛瑙

图4-32 钠长石玉

(6)葡萄石。颜色比较单一,主要为黄绿色,分布较均匀;玻璃光泽;为晶质集合体,具有类似葡萄的纤维状结构;常带有黑色柱状包体,透明度为半透明到透明。如图4-34所示,葡萄石为浅黄绿色、玻璃光泽,内部可见纤维状结构及黑色、黄褐色点状杂质。

图4-33 岫玉

图4-34 葡萄石

(7)独山玉。颜色比较丰富,其中以绿白色为主,部分具有特殊的肉色。颜色分布不均匀,偶见呈条带状分布或者含有蓝色、蓝绿色以及紫色色斑;具有玻璃光泽;纤维粒状结构;质地可以比较细腻也可以相对较粗;透明度为半透明-微透明。如图4-35所示,独山玉表现为丰富的颜色,其中具有典型的肉色以及偏蓝又带有黄色调的绿色,且颜色呈带状分布。

(8)东陵石。颜色多为暗绿色,并呈点状、小片状分布;具有玻璃光泽;粒状结构;一般为半透明,内含有黑色包体和大量的片状绿色铬云母片。其中,点状分布的颜色特征是区别东陵石和翡翠最明显的特征。如图4-36所示,东陵石整体表现出暗绿色色调,但在透射光的照射下,颜色呈点状、小片状分布。

(9)钙铝榴石。颜色为黄色或者绿色,当颜色分布均匀时,一般无色带;当颜色分布不均匀时,颜色多为点状或者团块状分布;具有强玻璃光泽;为均质体单晶质;肉眼可见黑色包体。如图4-37所示,水钙铝榴石的绿色呈斑点状分布。

图4-35 独山玉　　　　图4-36 东陵石　　　　图4-37 水钙铝榴石

(10)石英岩及染色石英岩。石英岩的颜色多为绿色、黄色,分布比较均匀;具有玻璃光泽;多晶质集合体,为典型的粒状结构;透明度为透明或者不透明;染色石英岩的结构与石英岩结构相同,但颜色往往浓集于裂隙、呈网脉状分布或者分布在表面。如图4-38(a)所示,染色石英岩的绿色分布于表面,但借助于强光的照射,如图4-38(b)所示,鲜艳的绿色呈网脉状分布或在裂隙处聚集。

(11)脱玻化玻璃。颜色多为黄绿色、绿色,分布均匀;具有玻璃光泽;为集合体;内部含气泡,可见树枝状雏晶及搅动纹理(图4-39)。

图4-38 染色石英岩　　　　图4-39 玻璃

2. 翡翠以及仿制品的实验室常规仪器检测

在实验室对翡翠及其仿制品进行检测时,通常先用肉眼观察或借用10倍放大镜、宝石显微镜观察翡翠及仿制品的内、外部特征,再选用实验室常规仪器检测。常见的检测仪器有折射仪、偏光仪、分光镜、紫外荧光灯、天平和查尔斯滤色镜等,其中折射仪用来测出仿翡翠宝石折射率和双折射率,偏光仪用来测宝石光性,分光镜用来测宝石吸收光谱,静水称重法或者重液反应用来测密度,查尔斯滤色镜可以测宝石选择性吸收性质,紫外荧光灯可以测宝石的发光性。最后通过观察及仪器测试结果定出宝石品种名称(表4-1)。

表4-1 翡翠及其仿制品的实验室常规仪器检测特征

宝石名称	折射率 (点测法)	特征吸收光谱	密度(g/cm^3)	发光性
翡翠	1.66	437nm 吸收诊断线,铬致色的绿色翡翠 630nm,660nm,690nm 阶梯状吸收线	3.33	无至弱,白色、绿色、黄色
钙铝榴石	1.73~1.77	无	3.60~3.71(手掂较重)	无
软玉	1.60~1.61	优质绿色者可在红区有模糊吸收线	2.95	无
玉髓	1.54	无	2.65	无或弱至强,黄绿色(2.60)
钠长石玉	1.52~1.53	无	2.44~2.82(手掂比重较轻)	无至弱,绿色
岫玉	1.56~1.57	无	2.88~2.95(手掂较轻)	无
葡萄石	1.62~1.63	无	(手掂较轻)	无
独山玉	1.50~1.70	无	2.73~3.81	无
玻璃	1.52左右	无	3.32左右	无
东陵石	1.55	无	2.65	无

需要注意的是：

(1) 折射率是区分翡翠及翡翠仿制品非常重要的证据。

(2) 人工翡翠由于杂质元素和结构的区别，会具有不同的荧光特征。紫外荧光只能作为辅助性的鉴定方法。

(3) 用放大镜观察时，由于不同集合体的组成矿物的颗粒大小、形状、均匀程度及颗粒间相互关系等因素，它们之间的内部特征会存在差异，这是鉴别翡翠及其仿制品的关键。

3. 大型仪器检测

宝玉石检测基本上是采用无损伤方式，在检测中常规鉴定仪器的应用在某些方面存在着一定局限性。随着宝玉石工艺的不断革新，借助于大型仪器对宝玉石进行测试分析，能够更加准确、便捷。

常见的大型仪器有红外光谱仪、紫外拉曼光谱仪等。其中红外光谱仪使用得最为普遍。红外光谱仪全称傅立叶变换红外光谱仪，是一种无损检测仪器。目前在珠宝玉石质检站中普遍使用。通过红外光谱，对比测试出来的图谱及主要吸收峰，能够快速、准确地区别翡翠及其相似玉石；翡翠是否经过优化处理；翡翠是否为人工合成以及测定宝玉石中的羟基和水分子。

例如，通过对比图 4-40 ～ 图 4-44，得知天然翡翠、处理翡翠、注蜡翡翠、人工合成翡翠以及钠长石与翡翠共生玉石的图谱形状是不同的。

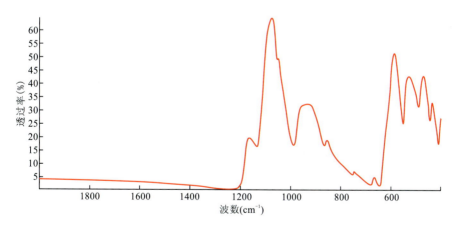

图 4-40　天然翡翠红外光谱图

具体来看天然翡翠的特征红外峰为 $1162cm^{-1}$、$1079cm^{-1}$ 和 $950cm^{-1}$，其中 $1050cm^{-1}$ 的频带最强且 $400cm^{-1} \sim 600cm^{-1}$ 之间有 4 个吸收带，为 $582cm^{-1}$、$531cm^{-1}$、$476cm^{-1}$、$435cm^{-1}$，或者只有不太强烈的 $2850cm^{-1}$、$2922cm^{-1}$ 和

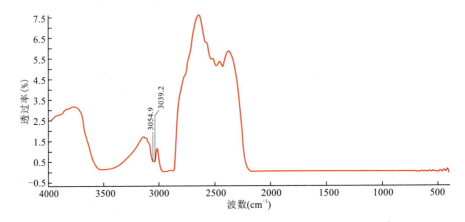

图 4-41　漂白充填处理翡翠红外光谱图

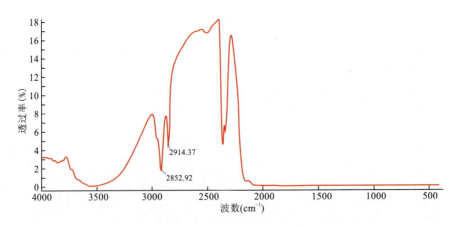

图 4-42　注蜡翡翠红外光谱图

2965cm^{-1}的因少量蜡造成的吸收峰。

漂白充填处理翡翠的最主要的吸收峰是2959cm^{-1}（或2966cm^{-1}）、2931cm^{-1}（或2924cm^{-1}）和2895cm^{-1}，而1510cm^{-1}、1581cm^{-1}、1609cm^{-1}和3040cm^{-1}、3060cm^{-1}这两组谱带可作为辅助性鉴定谱带。与传统漂白充填处理翡翠相比，注蜡处理翡翠的吸收峰值有所偏移，为2914cm^{-1}和2852cm^{-1}。

合成翡翠的诊断带在3400~3700cm^{-1}与OH相关的区域内，为3618cm^{-1}、3614cm^{-1}和3527cm^{-1}三个特征吸收峰。而钠长石与翡翠共生玉石出现钠长石与翡翠红外光谱相互叠加的情况，而且随着钠长石与翡翠共生比例的不同，表现出的叠加图谱不同。

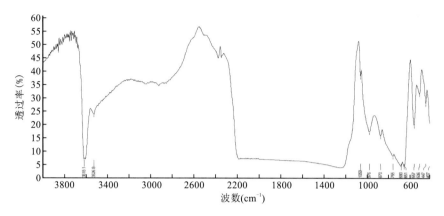

图4-43 人造合成翡翠红外光谱图
(图谱由中国地质大学(武汉)珠宝检测中心何翀提供)

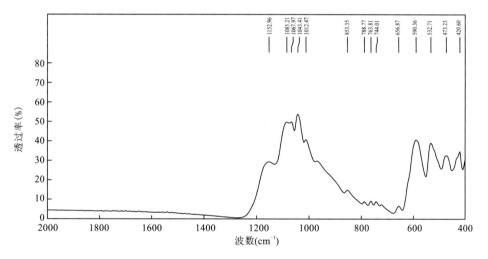

图4-44 钠长石与翡翠共生玉石

4. 珠宝检测报告

珠宝检测报告是检测机构完成检测工作后向委托方提交的评估工作报告书,通过报告向委托方说明其委托检测的珠宝的外观状况、常规宝石检测数据、大型仪器检测数据、检测结果等。一般来说,珠宝检测报告由封面、说明、内容3个部分组成,最后通常附有报告使用说明及免责说明。

(1)封面,主要包括单位名称、单位地址、联系电话、传真号码、委托人。

(2)说明,主要包括委托人、检测依据、检测使用仪器、检测样品数量、检测样品图片、检测结果、检测人员、检测日期。

（3）内容，主要包括肉眼检测结果、常规仪器检测数据及结果、大型仪器检测结果、检测结论。

（4）报告使用说明及免责声明。

1.按下列要点在常规宝石实验室观察翡翠及其仿制品的特征，并记录观察结果。

实验室常规仪器特征观察记录表

标本编号：		鉴定结论：	
标本形状：		透明度：	
光泽：		相对密度：	
颜色及颜色分布特征			
折射率			
吸收光谱			
放大镜观察：内部及外部特征			
荧光测试			
其他			

2.使用红外光谱仪检测翡翠、处理翡翠以及仿制品，并分析观察结果。

红外光谱仪操作步骤为：

（1）开机、预热。

（2）选择并调节样品测试位置。

（3）根据样品类型及测试目的设置仪器条件及扫描参数。

（4）测试样品。

（5）根据所测图谱进行分析处理。

红外光谱仪特征观察记录表

标号		检测结果	
红外图谱粘贴处			
红外图谱分析:			

3.根据任务委托,撰写完成人工处理翡翠的检测报告,并按照以下任务考核标准进行考核(检测报告范例见附件)。

任务考核标准

评价要素	评价细则	评分标准
检测报告结构完整、排版统一、美观	报告结构完整,须包括下列要点: (1)封面:单位名称、单位地址、联系电话、传真号码、委托人 (2)说明:委托人、检测依据、检测使用仪器、检测样品数量、检测样品图片、检测结果、检测人员、检测日期 (3)内容:肉眼检测结果、常规仪器检测数据及结果、大型仪器检测结果检测结论	(1)珠宝检测报告结构完整,报告排版整齐统一,27~30分 (2)检测报告排版统一,但检测报告内容缺失,每缺失一项扣分3分,直到扣完30分为止 (3)检测报告结构完整,但检测报告排版不统一或出现错别字,每出现一次,扣分3分,直到扣完30分为止 (4)检测报告结构不完整,且检测报告排版不统一或出现错别字,每出现一次,扣分3分,直到扣完30分为止

附件一　鉴定报告模版

报告编号 No：20170615G07

T 宝石研究所
珠 宝 检 测 报 告

宝石鉴定报告
AppraisalReport

委托人（Client）：_____公司

报告日期（Report Date）：2017 年 6 月 13 日

TT 宝石研究所
地址：××市×区××路××号
联系电话：××××
网址：www.××.com

TT 宝石研究所

宝 石 鉴 定 报 告

报告编号（Report No.）：20170615G07

委托单位（人） Client	××公司		
地址 Address	深圳市罗湖区 水贝阳光天地	送样人 Sender	李四
样品状态 Sample Modality	未镶嵌椭圆形 弧面型宝石	收样日期 Receipt Date	2017.06.10
鉴定标准 Appraisal Method	GB/T 16552—2010 GB/T 16553—2010 GB/T 23887—2009	样品件数 Total Samples	10 件
鉴定仪器及编号 Instrument(No.)	比色灯：JM201501 折射仪：JM201502 显微镜：JM201503 紫外荧光灯：JM201504 红外光谱仪：JM201505	鉴定批号 Appraisal No.	20170613G09
		鉴定日期 Appraisal Date	2017.06.10～ 2017.06.13
鉴 定 结 果（Results）			
鉴定结果附后（Results in appendix）			
备 注 （Note）		比色灯 色温 7200K	

批准人：　　　　　　编制：　　　　　　校核：

Authorizer：　　　　Compiler：　　　　Checker：

TT 宝石研究所
宝 石 鉴 定 报 告

报告编号(Report No.):20170615G07

鉴 定 结 果（Results）	
送样编号 Samples NO.	20170716(1)
肉眼 常规检测	颜色:浅蓝绿色,颜色均匀　琢型:椭圆弧面型 透明度:透明,透明度均匀　光泽:玻璃光泽 大小(长×宽×高):12.00mm×7.00mm×5.00mm 质量:3.43g 质地:质地细腻,均匀,肉眼观察未见翡翠颗粒结构
实验室 常规仪器检测	折射率:1.66(点测) 光性:正交偏光镜镜下全亮,集合 荧光:LW(无);　SW:(无) 相对密度:3.33 放大检查: 1.内部特征:20倍放大镜观察,内部干净,未见明显内含物 2.外部特征:表面无划痕,破损
大型仪器检测 (红外光谱检测)	特征红外峰为 $1162cm^{-1}$、$1079cm^{-1}$ 和 $950cm^{-1}$，其中 $1050cm^{-1}$ 的频带最强,且 $400cm^{-1}\sim600cm^{-1}$ 之间有频带
鉴定名称 Rock Type	翡翠
备注 Note	无

TT 宝石研究所
宝 石 检 测 报 告

报告编号(Report No.):20170615G07

报告使用说明及免责声明：

  1.注册珠宝玉石首饰质检师遵循独立、客观、公正的原则,遵循有关法律、法规以及检测准则的规定,并承担相应的责任。

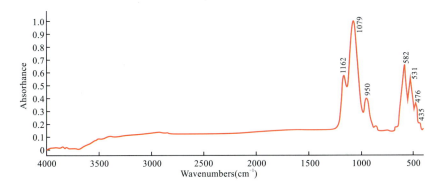

检测说明：

  Nicolet 550 型傅里叶变换红外光谱仪,分辨率为 16,扫描范围为 4000～400cm^{-1},扫描次数为 32。

  2.本检测报告只能用于本检测报告载明的样品,对于其他任何样品无效。

  3.本报告正文 4 页,必须视为一个不可分割的主体。

  4.本报告中检测结果仅针对在 2017 年一般鉴定技术条件下的检测结果,如不能确定是否经处理时,在珠宝玉石名称中可不予以表示,但必须加以附注说明且采用下列描述方式,如:"未能确定是否经过×××处理"或"可能经过×××处理",如:"托帕石,备注:未能确定是否经过辐照处理"或"托帕石,备注:可能经过辐照处理"。

一、填空题

1. 与翡翠的外观接近的天然宝石有_____、_____、_____、_____、_____和_____等,市场上常见的经过处理的翡翠种类有_____、_____、_____和_____。

2. 翡翠通常是以_____为主的多种矿物细小晶体组成的_____。

3. 437nm 线是翡翠中(铁)的吸收造成的;_____nm、_____nm、_____ nm 的线则是_____吸收造成的。

4. 东陵石是一种_____,因含特征的_____、_____、_____包体而具一种闪耀的砂金石效应。

5. 软玉的折射率点测为_____,光泽为_____,密度为_____,摩氏硬度为_____。

6. 软玉的主要组成矿物为_____和_____。

7. 翡翠的肉眼鉴别主要从_____、_____、_____、_____方面观察。

8. 常规仪器测定是否为翡翠,应主要测试_____、_____、_____、_____等几个项目。

9. 宝石界称之为"苍蝇翅"的特征是指_____,是翡翠特有的标志。

10. 确定绿色翡翠是否为染色,应借助放大镜观察颜色分布是否为_____,并结合_____及_____的观察来确定。

11. 仿玉玻璃的特点是_____、_____,常含有大小不等的_____,_____断口,折射率_____,密度_____,均明显_____于软玉,在旧货市场上较为常见,俗称_____。

12. 经染色处理的玉髓和玛瑙表现为极其_____的红色、绿色、蓝色等,玉髓和玛瑙的染色属于_____。

13. "马来西亚玉"其原石为_____,它是经_____而成,其颜色特点是_____,在查尔斯滤色镜下_____。

14. 独山玉与翡翠一样有多种颜色,绿独山玉致色元素是_____。

15. _____因产于我国河南省南阳县的独山而得名,是我国特有的玉石品种,又名_____。

二、判断题

(　)1. 常呈板状、片状、葡萄状、肾状、放射状或块状集合体,折射率为 1.616~1.649,点测 1.63,相对密度 2.80~2.95,具纤维状结构的白色、浅黄、肉红或浅绿色玉石是葡萄石。

(　)2.玉髓与玛瑙的区别是颜色分布不同。
(　)3.水钙铝榴石与翡翠可用折射率区分。
(　)4.葡萄石是一种氧化物矿物。
(　)5.蛇纹石质玉的主要矿物是蛇纹石,玉的密度、硬度变化很小。
(　)6.所有的翡翠均能见到"翠性"。
(　)7.目前市场上黄色水钙铝榴石常被用来冒充黄翡。
(　)8.东陵石中铬云母解理面具闪光,因此也是翠性。
(　)9.国标中"碧玉"指绿色的软玉和不透明的玉髓。
(　)10.独山玉有时和翡翠相似,但其密度明显低于翡翠。

三、问答题

1.常见的仿制绿色翡翠的玉石有哪些?如何根据外观特征区别翡翠及其相似玉石?

2.详细说明黄色翡翠及其仿制品的鉴别。

第五章　翡翠市场交易

翡翠的毛料以及加工出来的成品都要进入市场进行交易。进入市场后，不仅考验买家对翡翠真伪鉴别的能力，更重要的是考验买家对市场行情的了解程度，考验买家的交易技巧与能力。初入市场，我们需要了解的有：翡翠一般在哪些场所进行交易？这些场所的交易方式是否一样？翡翠与其他珠宝的交易规则是否一样？在交易过程中，什么因素将影响着翡翠的成交价格？什么因素，会让买家看走眼？

1. 了解翡翠交易的几个重要场所。
2. 理解为什么说"玉无价"——如何看待玉价的不确定性。
3. 掌握交易过程中影响翡翠成交价格的因素。
4. 了解翡翠是如何定价的。
5. 重点掌握翡翠的交易规则。
6. 了解交易过程以及常被忽略的因素。

一、翡翠交易的几个重要场所

1. 翡翠专卖店

对于大多数的消费者来说，由于专业知识有限，他们无法对翡翠的真假和品质作出准确的判断，而鉴定证书则成为消费者最为信赖的购买依据。商场里的珠宝店便是他们能够放心购买天然翡翠的重要场所。

对于卖家来说，商场里的人流量大，而且消费者具有一定的购买能力，最重要的是在商场里设立柜台，能够让消费者买得放心，让消费者感觉到品牌保障，所以尽管商场里的租金、转让费较高，卖家们仍然首选商场。

在商场专卖店购买翡翠，存在它的利与弊：①利在于大多数的消费者可能很喜欢翡翠，却又不了解翡翠，可能连最基本的鉴别真假能力都缺乏，能选择到一款物有所值的翡翠可能是一件很难的事情。因此,消费者倾向于一些品牌较好的珠宝店或者是开店历史较长、有一定声誉的专卖店,这些专卖店基本上能提供天然的翡翠。②弊在于大多数专卖店销售的翡翠质量属于中、低档,价格却普遍高,而且没有很好地营造玉文化的氛围。对于前者,我们很好理解,终端翡翠销售的成本的确很高,而且出货率也低,单品利润高也是应该的,所以价格高是有原因的。但对于后者来说,从近几年的翡翠销售来看,中、高端的翡翠销售情况反而好些,低端的翡翠销售情况较差,其中一个重要原因在于没有营造好玉文化的氛围,把翡翠当成是大众消费的普通商品,没有正确定位好翡翠的经营,这恰恰是被许多商家忽略的地方。

设想一下,当我们走进一间店铺,看到几乎不讲究格局、装修,仅简单摆放几个柜台以及店内密密麻麻堆放的翡翠饰品,那么大家肯定会失去能买到物有所值的翡翠的信心,也无法唤起大家对翡翠价值的认同感,而这些却是许多商家的真实情况。

如果我们走进一家店铺,看到墙壁上展示着翡翠产地、加工过程的介绍或者玉雕大师的作品介绍,架子上摆放着各种各样的翡翠原石,橱窗里除了高档翡翠外,还有真假翡翠的实物对比,柜台里各种翡翠饰品颇有艺术性地陈列着,那么这样的店铺肯定会勾起你的购买欲望,让消费者产生对翡翠价值的认可。

因此,当我们在保证翡翠质量的同时,适当地重视其文化价值,营造好玉文化的氛围,这才是行之有效的翡翠经营之道。

2. 高档会所

珠宝会所式经营是近几年流行起来的高端珠宝销售模式。

近年来,传统的珠宝经营模式竞争加剧,随着人们玩玉观念的转变,高层次、高品位的消费群体不仅仅满足于传统的珠宝店,他们需要更深层次的珠宝知识、优雅的消费环境、私密的消费空间,还需要个性化的首饰和收藏价值较高的珠宝。因此,受其他行业会所模式的启发,珠宝商们另辟蹊径,将传统的珠宝店铺转变为会所模式。例如杨澜作为一个媒体人与世界知名歌手席琳·迪翁共同创办的澜珠宝会所就得到了圈里圈外众多朋友的捧场。

会所的运营特点主要体现在舒适的环境、高端的产品、个性化的服务等方面。一般装修得比较豪华,除了展示产品外,还配套有会员活动的多功能区,并且会不定期地开设专家鉴定咨询、投资与收藏讲座、名人互动、拍卖与回购等附加增值服务。产品方面以销售高端产品为主,当然销售的产品不一定纯粹是珠宝,可能还包括茶叶、字画等礼品,这种跨行业的会所联盟也是一种可行的经营模式。

需要注意的是一般会所的目标客户主要为小众群体,如何开发新的目标消

图 5-1　珠宝会所的场景（袁双进　摄）

费群、留住老顾客将成为会所生存的关键。

3. 翡翠集散交易市场

这是一类专业性很强的市场，国内最大的翡翠批发市场主要在云南省和广东省。据说最早发现翡翠的人就是云南腾冲的商人，在这样的历史背景下，毗邻缅甸的云南腾冲和瑞丽一直以来就是翡翠加工、销售的集散地。另外，广东的广州华林寺、佛山平洲、肇庆四会以及揭阳阳美同样也是我国较大的翡翠集散交易地。这些交易市场聚集了成千上万与翡翠交易相关的从业人员，每个交易市场销售的翡翠侧重点不同。例如，平洲珠宝市场主要以手镯为主，阳美以高档翡翠为主。

在这里大多普通的翡翠论"手"销售的，一手货可能是一堆翡翠也可以说一块翡翠或一批翡翠。同一批货的翡翠基本上来源于同一块原料，加工出来的成品，每件的品质可能差不多，也有可能有货头和货尾之分。卖家一般不会让买家挑货，货头货尾不管好坏全包。即使和卖家比较熟的情况下能够挑货，那么价格也会高出很多。

不同的市场交易规则是不同的。总体来说，翡翠真假混乱，没有明确的标价，卖家往往给出的是天价，而买家需要根据自己的经验和专业知识与卖家讨价还价后，交易才成为可能，通俗的说就是"市场的水比较深"。来到这些市场的买家几乎都是业内的行家，即使如此，也有买家看走眼，买家同样需要经过一番的历练，"交学费"后，才能拿到称心如意的货。

翡翠的批发价肯定比商场里的零售价便宜很多，因此有人提议"到批发市场购买翡翠"。可笔者认为，非专业的消费者到这些"水较深"的批发市场买翡翠未必能捡到漏，卖货的老板从客户的言谈举止中就可以大概判断出买家究竟是不是行家。对于外行，他们开出的价格当然不可能低。因此，请理性看待批发价和零售价的差异（图5-2、图5-3）。

图5-2 翡翠批发交易市场里繁华的景象　　图5-3 走街串巷销售翡翠的缅甸人

4. 网络营销

随着互联网时代的来临,传统的线下营销模式已经远远满足不了人们的需求,越来越多行业的企业、商家由原来传统的线下销售转向线上销售,翡翠的销售商们也同样如此。在网络上销售翡翠的人群主要有:①结合实体店,开设专属的电商平台以拓展网络市场的珠宝品牌。②具有较强专业技能的人通过某些公众平台自主创业。③在网络上向曾经的顾客发放货品照片等信息的小翡翠批发商。④纯粹转发朋友圈里的照片、有可能不了解翡翠知识却销售翡翠的卖家。

在公众平台上销售翡翠有利也有弊。好的方面在于网络销售迎合了现代的消费方式,增加了产品的推广方式,扩大了消费人群,消费者足不出户就可以购买到心仪的翡翠等。如图5-4所示,网络营销的快速发展,让快递员于每天4点在广州荔湾广场等待卖家来邮寄商品。但面对网络平台上琳琅满目的商品,消费者往往考虑的是:翡翠的真伪、图片与实物是否一致、翡翠的品质是否被夸张地描述以及价格等问题

图5-4 等待卖家邮寄商品的快递员

(图 5-4)。

例如,消费者在某销售网站上,以翡翠、冰种、观音为关键字便可以搜索到众多卖家。这些卖家均提供高清的冰种翡翠观音图片,有的销售量颇高,有的销售量较小,且标价相差甚远。抛开货品本身质量不谈,单从销量上来看,销量过大的冰种翡翠饰品就意味着这件货不太可能是真货。如果翡翠是品质一般的料子,如豆种翡翠,类似的原料很多而且确实可以批量加工,但是到了冰种翡翠就意味着种水、质地级别越高,其原料就越稀缺,况且原料的尺寸、种水、颜色、飘花也都不尽相同。所以,加工出十几件、几十件甚至上百件"如图描述"的翡翠几乎是不可能的,那么卖家又是如何做到将"冰种"翡翠以极其便宜的价钱卖到销量较大的情况呢。

再从价格上来看,正所谓"一分价钱一分货",冰种翡翠理应属于高档翡翠。那么,过于便宜的价格如何能买到一件品质上好的翡翠呢?或者反过来想,冰种翡翠的价格的确就是几百元,那么其他一般品质的翡翠价格岂不是一两百元就可以买到了,那这还能把翡翠称为"珠宝"吗?

从这个简单的例子可以得出,翡翠的网络销售存在一定的弊端。如何能够更好地经营翡翠网络营销,增加品牌的信服力是网络经销商们需要努力的方向。

二、玉无价,如何看待玉价的不确定性

我们经常会碰见品质相似的翡翠饰品价格却不同,或者经常很多客户或朋友拿来一些以前买的或朋友送的翡翠让我们帮忙辨别真假或评估价值。辨别真假容易,但评估价值却是一件很为难的事情。像钻石、红蓝宝石之类的宝石,在珠宝市场上是按等级、有可遵循的市场价,但是对于一直以赌为生的翡翠来说就不同了,"赌"这一字恰如其分的说明了翡翠价格的不定性。

那是什么原因使得翡翠的价格带有这么多的不确定因素呢?一般来说,翡翠饰品进入到终端商场柜台前要经过公盘—原料交易市场—加工雕琢环节—成品批发市场四大交易环节。接下来以公盘交易、原料交易和加工雕刻环节为例子来说明交易过程中影响价格的不确定因素。

1. 公盘交易环节

从翡翠原石的第一单交易就可以看出,同一块翡翠在各个翡翠原料商眼中的价值是不同的,他们开出的价格就已经显示出了翡翠价格的不定性。

缅甸每年都有几次大型公盘。公盘就是指全世界的玉石商人聚集在此,以暗标的方式进行玉石交易。暗标是指各地的玉石原料商聚集在标场,对自己认为合适的或比较中意的玉石进行自我估价,然后把心中估好的价格写在标单里

投进标箱。此时,标场的买家彼此都不太了解,谁都不知道谁会看中哪些石头,也不知道其他人有没有和自己一样看中同一块,也不知道他们会以多少的价格投标。因此,此时就开始出现了一些会影响价格的因素。最终导致投标时的相差甚远(图5-5)。

图5-5　翡翠的底标价与最终成交价格相差较大(胡楚雁博士 摄)

在公盘上常出现4种情况:

(1)投标商好久没有遇到中意的石头了,而现在刚好遇到。

(2)投标商接到了客户下的订单,为订单寻找合适的原料,而现在恰好遇到了。

(3)原料前看的人数较多。

(4)投标现场出现了许多非专业的投资商。

对于前3种情景其实很好理解且常见,投标商为了能中标,各自把标投到所能承受的上限,因为只要能投中标,多少都能挣到一点钱,示投中标就意味着无生意可做。

而对于第4种情景让我们很容易联系到"逗你玩""算你狠"的情景,这是一种不好的情况。标场里如果出现很多非专业却资本雄厚的商人来投标是很不好的,因为他们非但不了解行情,更是扰乱行情,而且买到的翡翠原料,既不开料也不做成品。最终的结果就是:

(1)原石价格上涨。一旦原石被投到一个新价位成交,那以后这类原石的价格就很难下降了。

(2)投标商难以投中中意的原石。

(3)贵买贵卖。由于没有原料就无生意可做。许多玉石商人都不约而同地认为:贵就贵吧,反正闲钱放着也不能升值,况且石头价格一直都在涨。

2. 翡翠原料交易环节

原石被原料商投到后进入玉石原料市场又是如何交易的呢？在交易过程中又出现了哪些影响价格的因素呢？一般来说，翡翠原料进入到专业的玉石原料市场进行交易，原料可以是蒙头料，也可以是切开的片料。其中蒙头料指没有被切开的毛料或者是在原石上开一个小小的窗口，以此来判断原石内部的好坏，赌性大，因此常有"一刀穷、一刀富"的情况上演。如果毛料被一分为二或者完全被撇开，则称为明料，而明料（俗称半赌），赌性相对较小。

图5-6　瑞丽姐告原料市场中片料的交易

图5-7　买家正对蒙头料进行评估

对于蒙头料来说，首先，买家与卖家进行商谈价钱。如果买卖双方不熟悉，则交易难以谈成，哪怕买家出价很给力；如果买家与卖家相熟，那么卖家的开价则相对实在些，但是交易是否成功以及最终的成交价格则很大程度取决于这块蒙头赌料有没有被其他买家看过，有多少买家看过，是否有给过价格；卖家在公盘投标时有没有超高投出；这批原料被卖出了多少，本钱回了多少，最重要的是这块原料在这堆原石中占据什么位置。经过一番讨价还价，交易达成之后，接下来就是决定是否开料。但是如果买家认为蒙头料买贵了，那么原石会再次流入市场，以蒙头料的形式再次出售。

除了蒙头料外，原石市场上还有明料的出售。明料是指已经切开的片、块料。由于原石已经切开了，翡翠的种水、颜色以及裂纹等瑕疵相对明显，有经验的行家容易辨别出来。在明料的交易过程中，常出现一种业内特有的情况：当明料刚刚开始投入市场时，卖家往往根据经验来初步试探原料的底价。一般情况是头几天或者头几周，即使买家给的价格再高，卖家都不会卖出原料，而是要等到给出的价格没有超过最高价时，卖家才会最终定出一个底线卖价。但经过一段时间的销售后,也有可能没有买家能够给到底价,卖家也可能由于资金问题,将片料低于底价卖掉。这种情况业内称之为"回头价"。

在明料销售的过程中,5种常出现的情况会影响到明料的成交价格。

(1)原料加工成成品后容易销售,引起众多买家的兴趣,因此最终的成交价格波动较大。

(2)当卖家的投入成本已经回笼得差不多了,因此原料不着急出售,这时买卖双方的价格难以达成一致。

(3)在同一批明料中,第一块原料已经被卖出了×万,在市场行情较好的情况下,卖家认为剩下的原料价格理应要超过第一块原料的价格才行,这时原料的价格就有可能再次被提高。

(4)针对不同地区的买家,原料的成交价格是不同的。沿海城市、发达地区如北京、上海等地的成交价格普遍较高,而相对偏远地区如广西、贵州的成交价格相对低些。

(5)面对不同销售层次的买家,原料的最终成交价也有所不同。一般来说以销售高档翡翠为主的商人其成交价格偏高,而以销售中、低档翡翠为主的商人其成交价相对较低。

前3种情况是交易中最为常见的。因为对于大多数卖家来说,他们自己本身也不清楚原料究竟最高能卖多少钱,因此,第一块原料主要是为了回本。本钱回了差不多了,心态自然而然就放松了,后面的原料只要卖出,那就是赚,至于赚多赚少,取决于买卖双方的讨价还价本事了。

对于第5种情况,很多同学不理解。既然行家都鉴别的差不多了,为什么出价还是有高有低呢？其实,这很好解释。这就如同医生看病一样,各科医生所精通的也只是自己的专业,不是说只要是医生就什么病都会医治。对于翡翠商人来说,有的经营范围是中、低档翡翠,很少涉及高档翡翠;而有些商人专门经营高档翡翠。即使他们都看得懂真假,但对于超过他们接触的范围,就不一定理得清了。毕竟没有买卖就没有交流！业内把这种情况称为"看不到价"。所以卖家经常面对的情景是:好货遇到普通商家,出价偏低,当然普通货也有可能出到高价。

从这里可以看出,在原料交易过程中,出现许多不同的情况将影响到翡翠原料的价格。原料价格的不同,成品的价格自然而然也不同。

3. 加工雕刻环节

成品翡翠需要进行精心雕琢,这里涉及到雕刻费和抛光费。雕刻费用不是一概而论的,要考虑的是原料质量如何？是机器雕刻还是手工雕刻？雕刻师傅的手艺如何,名气如何等。抛光也如此。

例如,雕刻师傅的名气大,手艺好,能够很好地挖脏去绺、俏色巧雕,那么工钱自然就比较高。再比如说有的师傅手上货多，等待的顾客较多，工价就定得高。因此就工费而言，可以相差几倍甚至几十倍，同一块原料做出的翡翠成本价当然有所差别。

当然，最值得关注的是原料被加工成成品之后，成品品质以及货头、货尾的比例。俗话说"神仙难断寸玉"，一半品质很好，另一半却出现大量裂纹、没有办法利用的原料，或者说一半出现高绿，另一半是狗屎地的原料比比皆是。面对这样的原料，在加工时可能碰到的情况是一块原石，经一切两半后预计大约能各起100条手镯。两位买家分别花了20万元买了其中一半的料子。其中一位买家加工出来的100条手镯中有一半有大的裂纹，那每条手镯的成本就成了4000元。另一位买家同样做出100条手镯，只断了一两条，成本价为2000元出头。那么，这些同样品质的手镯到底值多少钱呢？如果说这些料子出来几只高翠的手镯，那这原石出来的手镯又该如何估价呢？从这个例子就能理解为什么同一块原料翡翠，其成品价格有差距了。同样的道理，也能说明为什么同样品质的原料做出来成品价格也是有所不同的。

三、翡翠的定价

翡翠的定价是一件不简单的事情，也正是因为定价难，价格的主观性强，所以吸引了大量的人来从事这个行业。一般来说，主要由以下几个因素来决定翡翠的价格。

1. 销售渠道的进货价格＋商家运营成本＋商家追求的利润

进货渠道不同，价格自然不同；新手上货和老手上货的价格不同；一手货源和倒了几手的货源价格不同。例如，在云南瑞丽珠宝市场上，有的卖家比较有实力，具备从原料的购买到加工再到成品销售的能力，这类商人对整个交易环节进行了把控，减少了中间商，也就相当于他得到的是一手货源，获得了相对较低的进货价格；有的卖家由于亲朋好友是从事翡翠行业的，虽然卖家自身实力不强，但是可以从亲戚（或朋友）那里拿了货再转手卖，从中挣得差价；还有的卖家是通过连锁加盟的方式来开设专卖店。通过加盟可以获得大量的货源，而且可以在一定的范围内根据市场要求调换货品，减少由于货品种类带来的销售约束，但实则相应地增加了进货的价格；最后还有一类卖家以网络销售为主，主要通过转发他人的货品照片进行销售，这就是常说的代理商。通过对比这4类卖家，可以得知不同的渠道导致不同的进货价格。

商家的运营成本也是影响翡翠定价的一个因素。不同商家经营成本是不同的，一般来说越高档的商场其经营成本越高；一般市场的经营成本相对低一些，网店的经营成本更低。例如,一个中等城市的普通商场月租金大概几万到几十万,加上员工工资、广告宣传费、各类工商税务管理费用、装修费以及合理的行业利润,每个翡翠平摊上去的本钱并不低。

追求利润是每个商家的愿望,但处于不同市场级别的商家或者是不同年龄段、不同性别的商家所追求的利润率又是有所不同。例如与批发市场相比,商场里翡翠饰品的出品率不高,因此售出的每一件翡翠利润相对较高。而同样在批发市场里开设档口的卖家,有的卖家经历了翡翠销售行情的跌宕起伏,心态早已变得平和,在交易的过程中对高额利润的追求不再执着;而有些年轻的卖家初入市场,雄心勃勃地想干出一番事业,相对而言,追求高额利润是一种必然的方式。另外,有些男性卖家由于性格原因不喜欢与买家有过多的讨价还价,在交易过程中,只要还价到了他的心里预期价位,那么,交易是比较容易达成的,而有些女性卖家经常与买家进行多番的讨价还价就是为了多挣一点利润。由此可见,对利润的追求不同,体现在翡翠的价格上也是不同的。

2. 商品的本身品质决定价格

之前的章节提到翡翠的种水、地、工、色等影响翡翠品质的因素,不同品质的翡翠价格肯定不一样。需要注意的是,对翡翠颜色、种水的评定是一件很主观的事情。同一块原料雕刻出来的翡翠,颜色差一分,价格很有可能差几十倍。其次,不同的人喜爱不同,有些人喜欢种好的,那么他们对于透明度好的翡翠的估价相对较高,而有些人喜欢颜色则对色好的翡翠评价就更高些。

3. 文化因素

文化因素是决定买家买入和卖家定价的主要因素。不同地区、不同年龄的消费者观念不同,欣赏方式也可能不同。例如,北方地区的消费者个性相对比较刚毅,因此偏好大件、粗犷豪放的素件,而南方地区的消费者可能偏好小巧的、具有一定设计感的翡翠饰品。正如"喜欢就是价",买家碰见不"对庄"的翡翠,再便宜都不一定买。作为卖家来说,需要尽可能有针对性地销售"对庄"的翡翠。

四、翡翠市场的交易特征

以终端销售为主的商场专卖店或是珠宝高档会所,翡翠的交易相对简单化,而在翡翠的交易集散地这类以批发为主的、专业性较强的市场,交易则暗含着各种规则。

1. 标价混乱

在翡翠批发市场,翡翠是基本上不标价的,即使标价,所标的价格一般与翡翠最终的成交价格以及翡翠的真实价值相去甚远,往往让人望而生畏,这是翡翠交易的一种潜规则。所谓"买卖不同心",卖家希望货卖的价格越高越好,所以标出高价钱让不同的买家还价,从而获得最大的利润。

2. 还价有学问

在交易中卖家往往开出的是天价,翡翠的成功交易则需要经过一段时间的讨价还价才能达成。卖家既然可以开个天价,买家当然也可以还个低价。还价其实是一件考验人的事情,既考验买家对翡翠真假的判别、对翡翠品质的评定,又考验买家对市场价格的把握,卖家则可以通过还出的价格判断买家是行家还是一般的游客。当买家心理上能接受的价格与卖家能卖的价格接近时,交易才可能继续下去。需要注意的是,即使卖家是你认识的熟人或与卖家有过多次交易,也不要碍于情分,不好意思还价,熟人更要砍价。

3. 对庄和不对庄

对不对庄是翡翠交易里的通话,意思是有没有看得上的、看对眼的货。来到交易集散地购买翡翠的一般都是行家,所以不会像很多实体店、专卖店那样,每件翡翠都有详细的介绍,老板只会问你对不对庄。不对庄是一种文明地、礼貌地拒绝卖家的用语。当我们受到卖家的热情接待后,应该如何拒绝呢?是直接说"不要"来拒绝老板还是随意地还个低价呢?最高明的方式就是说"不对庄",这表示货不是我想要的类型,不符合我的要求。

4. 一手走

一手,可以是一批货,也可能是一件货。一手走,就是指一批货不打散,买家得全部买走,不许挑货。一批翡翠中,每件翡翠的品质可能都差不多,当然也可能存在货头与货尾。其中货头指的是一批货里种、水、色都相当不错的翡翠,卖出一件货头,可能整批货就可以回本。所以在实际交易中卖家不太乐意让买家挑货,而是更想将卖相好的连带着有瑕疵的翡翠一起出售。当然,如果一批货的品质都差不多,不存在明显的货头和货尾,那么买家也可以尝试与卖家协商购买部分翡翠。

5. 定价难

业内有句话"买者如鼠,卖者如虎"。初入市场,买家不了解实情,心里没底,既担心买假,又担心买贵,看货时摇摆不定,定价时受到各种因素的干扰不敢还价,正所谓"买者如鼠"。这种情况经常出现,主要是因为买家对自己没有信心,买家处在被动位置,卖家处于主动位置,那就意味着很难拿到价格称心如意的翡翠了。

6. 神仙难断寸玉

行话常说"神仙难断寸玉",在翡翠批发市场上,几乎所有买家都是行家,但还是没有人敢说自己有十成的把握。买翡翠原料就是赌博。

一个行家在缅甸买了一块原料花了 250 万元人民币,这块料开了很多门子,每个门子都是较好的绿色,而且基本上围绕着原料的一周,懂行的人都知道很有可能的是原料中有这样一层绿色,如此算来能出好的手镯和花件,但切开之后才发现,绿色仅在这些表层,完全没有进入原料当中,虽然门子处绿色鲜艳,但数量很少,最后仅卖了 8 万元,赌垮了;另一个行家花了 3 万元买了别人不要的一块原料,结果赌涨了,做成成品后卖了近 400 万元。

如图 5-8 所示,翡翠原石开口的顶上部分,绿色色带还是很大。但颜色只有薄薄的一层,没有深入内部。同时,解开后发现裂纹多,没办法加工成手镯,并且因为底子较粗,只能做摆件。翡翠市场上"一刀穷、一刀富"这样的悲喜剧几乎每天都在上演着,难怪说"神仙难断寸玉"。所以说翡翠交易是一件考验人的事情。

图 5-8　赌垮的原石

7. 看走眼

买家在看货时,总是受到各种各样的干扰因素,很有可能导致看走了眼。最大的干扰因素来源于自身,对自己的不自信,从而容易受到旁人的影响。例如,在交易过程中,经常听到卖家说"这件翡翠别人已经开过 X 元了",然后买家就不断地加价。还有买家可能找了很久的货,一时心急,为了完成任务看走眼。在翡翠交易时,应谨慎行事,"宁可放过一千,不要错买一个"。

此外,市场上常有一些容易忽略却影响对翡翠判断的外界因素,如灯光、紫外线以及抛光过蜡处理工艺甚至是翡翠的陈设、包装等。

1) 灯光引起的品质差异

翡翠行业里有说"月下美人灯下玉"的,也有说"灯下不观色"的,这两种看似矛盾的说法,实际上是由于着眼点不同,但本质上是一样的,都是指翡翠在自然光和灯光照射下,会显示出不同深浅的颜色以及不同的质地。翡翠在暖色调的黄光光源灯光下观赏,会显得绿色更鲜艳一些,结构更细腻柔和,因此有"月下美人灯下玉"的说法,其中又以有晴水绿和豆种豆色的翡翠为典型代表。如图5-9所示,自然光和灯光照射下,翡翠分别显示出深浅不同的颜色和质地,且图5-9(a)中的翡翠品质明显比图5-9(b)好。

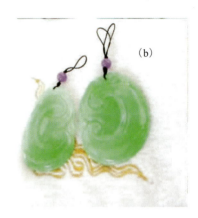

图5-9　自然光(a)和灯光(b)照射下,翡翠显示深浅不同的颜色和质地

豆种豆色的翡翠在自然光下观察,结构颗粒粗,颜色呈团块状、不均匀分布,白色的点状或絮状物等不尽如人意的地方一览无遗,而在柔和的灯光下,这些不尽如人意之处会被淡化,所以又有"灯下不观玉"的说法。因为翡翠的颜色只要相差一点点,价格上就可能有天壤之别,所以在鉴别翡翠颜色时,要注意灯光的使用。在珠宝市场上,有经验的买家经常把货拿到店门口或者窗口处,在自然光线充足的条件下评估翡翠的种水和颜色(图5-11)。

图5-10　平洲玉器大楼前提供的桌子　　图5-11　正在自然光下挑选翡翠的买家

2）紫外线引起的色温导致紫色色调出现差异

很多买家买了紫色的翡翠,回到家后却发现紫色色调变浅了,这是因为紫罗兰翡翠对光线特别敏感,不同的光源下会产生不同色调的紫色,在不同的地域紫罗兰翡翠的颜色也会表现的不同。同一件翡翠处于高原地带的云南等地区,由于紫外线比较强,颜色也会显得格外鲜艳,但是拿到广东等地以后,紫色就会变淡了,这在购买时需要特别注意。

紫外线让翡翠的紫色显得更为浓郁的原因在于色温的不同,同样的道理,不同的手机型号、拍摄模式不同,也会让同一件翡翠出现深浅不同紫色色调的现象(图5-12)。

3）加工工艺让裂纹瑕疵更为巧妙地隐蔽

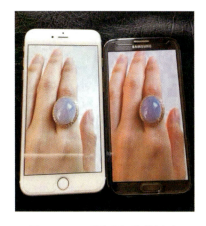

图5-12 不同手机的拍摄下,翡翠显示不同深浅的紫色

翡翠加工的最后一道工序就是抛光过蜡,过蜡处理后的翡翠看起来更加通透,与此同时部分瑕疵如表面的凹坑、黑点还有微裂纹会被遮盖掉,而经过一段时间放置或佩戴后,翡翠会出现表面泛黄的现象,并且裂纹也会显现出来。这种现象常常出现在质地较粗、颗粒感较强的豆种翡翠中。如图5-13所示,紫罗兰手镯表现为粗豆种、透明度不好,但手镯没有裂纹或黑点等瑕疵,但经过一段时间的佩戴后,会出现几处微裂纹且表面泛黄。

图5-13 手镯佩戴了一段时间后,出现不同程度的瑕疵,微裂纹显现,而且表面泛黄

4）翡翠的陈设、包装大有学问

购买过翡翠的人都知道,翡翠的包装其为简单,多是纸质包装,叠成长方形,打开包装即可选购翡翠。这种纸基本上都是防潮加厚的蜡光纸,里面白色,外面红色,或里外全白色,纸质坚实而光滑。那为什么几百元、几千元,甚至是几万元的翡翠要用廉价的纸包裹呢？难倒仅仅是为了容易储藏、方便顾客看货吗？其实不然,仔细观察包装袋的外观,可以看到一层反光性极好的内衬,这个内衬可以增加光的反射、折射和透射,让翡翠看起来光泽度更强些,水头更好。如图5-14所示,翡翠手镯被针线固定在衬纸的中心,方便顾客看货的同时,又能让翡翠的种水更好。

图5-14　翡翠饰品的包装袋

另外,翡翠陈设的衬底也很关键。不同的颜色、水头的翡翠所用的衬底的颜色是不同的。常见的衬底有黑色、白色、红色。如图5-15所示,同一颗绿色翡翠戒面在不同颜色的衬底下显示出不同的色调、水头和瑕疵。如图5-16所示,同一件观音在有衬底和放手上观察的种水是有区别的,无衬底的时候,显示出大团的棉絮,而且颜色色调看起来灰些。

图5-15　不同颜色的衬底显示不同的品质

8.三年不开张,开张吃三年

这句话的意思是,当买家拿不稳翡翠原石质地时,最理智的办法是不要切开原石,这样卖出尚可赢利。而且,翡翠属于不可再生资源,价格处在不停地上涨

图 5-16　衬底显示不同的种水和棉絮

中,把原石放一放,再卖出,这样获得的利润可能更多。

9. 加钱不如细看货

这是一句对买家非常有用的行业术语。翡翠原料和成品价格弹性是很大的,如经买主仔细看货以后,发现裂纹或瑕疵,通过挑毛病的方式砍价,卖主是可以大大地降低售价的。相反,如果一眼看中了货,但并未仔细地观察,出价又不被卖主所接受,这时买家往往就会盲目地加价,注意力集中在讨价还价上了。其实,价钱加高了不行,加一点钱估计也无济于事。这时,还不如挑毛病或是假装不买、表现出欲走的样子来得有效。

10. 宁买绝不买缺

翡翠市场上经常会出现某些品质的翡翠突然成了热门货,价格被不断地抬高,一时成了香饽饽(图 5-17)。如果此时买家跟风购买,就得花很大本钱,这种货虽然一时缺乏,但只是暂时的现象,因为其他货主也在组织货源,很快就会大批量投入市场。有经验的人会看到这一点,他们宁可不要,也不愿提高成本跟风购买。例如,2015 年玉石市场上刮起一阵购买红翡的潮流,导致其价格飞速上涨,目前红翡价格有所回落。

11. 好货富三家

好货富三家有两种解释。第一种解释是好的翡翠可以转手获利。例如第一个购买到好货的人,以低价买进高价转售,富了第一家;第二个买过的人将翡翠切开,出了不少好货,一件货头的出售即可收回全部成本,其余均为利润,富了第

图 5-17 红翡挂件

二家;第三个人将片料雕刻成手镯、挂件等大小不同的翡翠成品售出,富了第三家。第二种解释是做生意时遇到好的翡翠,除了自己赚钱之外还要留余地给下家赚钱,下家还要再留给下家。

12. 买也慌,买不着也慌

这是指不少买家走访市场几天后仍然没有收获,没能以称心如意的价格拿到对庄的货,心急如焚。还有不少买家买到翡翠后,却一直纠结于价格,纠结是不是吃亏上当了。正确的做法应该是"出手前瞪大眼"是说买货前要看好货是不是假的、次的,价钱能优惠多少;"出手后笑开眼"是说买了就好好去赏玉,不必再纠结于价格是不是吃亏上当。

13. 不要轻易从别人眼里去认识自己买到的货,也不要轻易点评别人买的货

每个人的喜好是不同的,有人喜欢翡翠,有人喜欢和田玉。有人喜好颜色,有人看重种水,我们可能永远不知道在别人眼里的翡翠是什么样子,因此不要轻易地从别人眼里去认识自己买到的货,当然也不要轻易点评别人买的货。

14. 要有交"学费"的心理准备

买贵了,买错了,都是经常发生的事情。对于同学、"专家"朋友的估价,心里得有个谱。在日常中就经常会碰到一些对翡翠知识一知半解的"专家",他们其实并不了解市场行情,甚至是仅仅凭借几张照片而贸然估我们手中的翡翠价值,1万的手镯有人说值 3 万,也可能有人说值两三千。如果没有一个理性对待的心理,很可能这一估价,把自己落得个大喜大悲,甚至耿耿于怀,那就得不偿失了。

15. 货越买越便宜

对于陌生的买家,卖家开出的价格会偏高,即使经过一番艰难的讨价还价后,最终的成交价格也不一定很划算。但是,一旦有了一次成功交易的经历之后,彼此双方有了一定的了解,之后的交易中卖家开出的价格会实在很多,相应的,翡翠的价格就会划算些。需要注意的是,在买家与卖家讨价还价的过程中,周边摊位的其他卖家也在打探情况,希望这个买家也光顾自己的柜台,因此,一旦在一家摊位上开张后,周边的卖家开出的价格也会实在很多。总之,要想在这类以批发为主的、专业性较强的翡翠交易集散市场购买到物有所值的翡翠,那么深入地了解市场的交易规则是非常有必要的。

课后练习题

1. 翡翠销售的重要方式有哪些?这些方式有何优势和劣势?
2. 说一说对"黄金有价,玉无价"这句话的理解。
3. 说一说在翡翠交易的过程中,常常被忽略的但又影响翡翠成交价格的因素。

第六章　翡翠交易市场介绍

学习翡翠、了解翡翠，除了要知道如何鉴赏翡翠外，走进市场、学会看价也是每个翡翠人的必修课。翡翠的品种繁多、成色复杂，研究原石的价格、雕刻工艺、市场状况以及交易规则，才能做到心中有数。

目前，从翡翠文化的普及、商业价值的提高、消费者的喜爱以及从业者的成熟度等因素来看，翡翠的交易市场已经发生了不小的变化。不变的是，交易市场依然到处呈现出熙熙攘攘的兴旺景象。可以说翡翠交易市场，不仅是一个简单玉器的交易场所，也是一个复杂的小社会。

1. 了解缅甸翡翠交易市场概况及交易规则。
2. 重点了解云南瑞丽、腾冲及昆明翡翠交易市场概况及交易特点。
3. 重点了解广东四大翡翠交易市场概况及交易特点。
4. 了解河南南阳翡翠市场概况。

一、缅甸翡翠交易市场介绍及交易特点

1. 公盘

公盘是业内人士对"缅甸珠宝展销会"的一个习惯性称呼。

在缅甸境内开采的翡翠原石都要经过缅甸政府和军方矿业部统一编号，集中进行拍卖。每年定期邀请世界范围内的珠宝商家前往仰光（2010年底搬迁至缅甸新首都内比都）对这些毛料进行估价竞买，其他一律视为走私。

第一次参加公盘的客商必须收到缅甸矿业部门或者当地翡翠贸易公司的邀请，否则无法进入公盘现场。有了交易记录之后，下一届的公盘便可以自行申请参加。来参加的客商主要为从事翡翠生意的业内人士，其中华人占八成，其余主要是缅甸本国人和泰国人。中国客商大多来自广东以及云南瑞丽、腾冲等地。

参标者还必须缴纳1万欧元（约10万人民币）的押金，但经过2012年公盘

拍下的天价翡翠超过50%没人提货，造成流拍这一事件后，缅甸政府已经提高了押金。如图6-1所示公盘看原料的热闹情景。来自各地的玉石商人汇集在一起，看料子、投标。

公盘上的翡翠底价基本以欧元标价，并且注明了编号、重量和数量（图6-2）。来自各地的商人大多相互不认识、不了解对方的实力，碰见合适的原石，可能会出现高价投标的情况。

公盘采取暗标和明标两种方式。暗标就是将待拍原石标出起拍价，由竞拍者将自己估算的合理价格投入暗箱，出价高者中标。明标就是直接标出原料的价格，竞拍人公开出价，最后出高价者中标。公盘的明标一般较少，且多为高档商品，因此竞标激烈，通常要高出底价数倍甚至10倍方能到手。

图6-1 公盘看料的情景

从1964年开始，缅甸政府几乎每年都举行三四次珠宝玉石拍卖会，然而从近几年的的交易情况来看，不论是举办的次数、原石的交易金额还是参加的客商等的情况来看，公盘确实发生了不少的变化，这给国内翡翠行业造成了不小的冲击（表6-1）。

缅甸除了盛产翡翠外还是著名的抹谷红宝石的产地，盛产各种各样的高档宝石，因此公盘上除了翡翠外还有部分彩色宝石的销售。如图6-3所示，公盘上缅甸的红、蓝宝石以及其他稀有彩色宝石也是展销会上的亮点。

图6-2 公盘上的翡翠底价基本以欧元标价

表 6-1　缅甸公盘的行势

时间（年）	公盘的行势
2011	公盘原料价格上涨，导致国内翡翠零售价格随之大升，市场开始承接乏力，央视对此做了专题报道，认为翡翠价格出现泡沫，随后翡翠市场迎来萧条
2012	3月公盘不复往日风光，参展人数从2011年的过万人下降到4000多人，且外行资本介入；同年6月缅甸内战蔓延，缅甸关闭了翡翠矿山，公盘停止
2013	原料价格继续上涨，公盘次数锐减，投标人数众多，但中标的却不多，且原料以中档料成交为主
2014	停滞了一年多后，公盘于2014年6月重新开启，引来众多中国玉商前往"抢货"，6架包机从著名的玉器批发及加工地揭阳出发。 此次公盘出台了新规定：参标者须向大会指定银行账户支付5万欧元押金，用于竞投不超过100万欧元的翡翠原石。超额的投标者须在标的物将要开标前支付5%的定金！ 此次公盘中不仅中、低档原石全面涨价，曾经流拍过的高价原石以翻数倍的价格重出江湖，还出现了一些以高价投中数百份标的买家在成交时却销声匿迹的现象
2015	缅甸新政府执政后的首届珠宝展，面向国际珠宝商并使用欧元结算，采取拍卖和竞标两种方式进行，玉石毛料起拍价为每组20万欧元，玉石毛料及宝石的竞标起价为每组4000欧元。 与往届珠宝展相比，本次展销会翡翠毛料减少了，增加了成品，而且交易税费增加，来参加的国内商人数量大大减少
2016	相比于2015年公盘中接近9000份的原石，原石数量相对较少，其中、高档翡翠原料供应更为稀缺，公盘交易量锐减，参与人数也同比减少

从缅甸购买到的原石或者成品，必须缴纳一定的关税。翡翠的高关税是业内通认的，但消费者却不一定完全知晓。一般来说，翡翠从缅甸到中国的成本高达成交价的150%。除了缅甸当地对原石的高额税率外，也包括中国关税对翡翠成本的影响。例如，我国翡翠原石进口关税综合税率高达33.9%，其中包括毛料税3%、消费税10%、增值综合税17%、地方税3.9%。形象地说，一块以100万欧元拍得的翡翠原石，从缅甸进入中国，就得交300万人民币左右的关税。

图 6-3　公盘上看彩宝。缅甸的红、蓝宝石以及其他稀有彩色宝石也是展销会上的亮点

近年来泰国、菲律宾、印度等国致力于珠宝产业的发展,并长期采取低关税的政策。2002 年,印度取消了对首饰业所有原料的进口税;2009 年泰国政府采取了类似做法。而我国高额的税收让翡翠行业面临着一种尴尬的情况:如今越来越多的翡翠以原材料或半成品的形式流入泰国、菲律宾、印度等国家,然后再辗转进入低价区的香港、台湾等地,经过简单地加工后变为成品,再高价进入中国大陆,而走私、逃税的状况频发。

2. 重要的翡翠交易场所

除了公盘外,缅甸的专业翡翠交易市场主要有 4 种交易形式:一是在翡翠矿区进行现场交易;二是通过几家大的翡翠珠宝公司进行贸易往来;三是在瓦城翡翠玉石交易市场进行交易;四是个人形式进行交易。

虽然这些专业性较强的批发市场面对的人群主要是以业内专业人士为主,但市场里的货品依然是真假难辨、价格不明,加之语言不通、两国交易中不可避免地存在不同规则的影响,需要多次深入走访市场,熟悉交易规则之后才能了解翡翠行情。

1) 位于帕敢的翡翠交易市场

帕敢是缅甸最著名的翡翠矿区,由此逐渐发展形成翡翠交易市场。该交易市场以原石交易为主。此外,在该市场还有许多缅甸小商贩拿着小毛料在此交易,但成功交易的情况很少,因为这些小商贩一旦发现有实力的买主,就会把买主领到货物存放地,避开政府的眼睛,地下成交。这个市场里也有少量的成品戒面、片料,交易规模不大。总体来说,帕敢翡翠交易市场由于买家很少,加上交通不便利,所以卖家一般将价值不高的翡翠毛料在此出售,好的毛料则运到瓦城去销售,部分精品则运到仰光去参加公盘拍卖。目前,帕敢翡翠市场已有迁至瓦城的趋势。

图 6-4　福记公司（胡楚雁博士　摄）

2）瓦城的毛料市场

瓦城的毛料市场主要集中在几个公司手中，例如金固投资有限公司、长龙珠宝有限公司、弘昇珠宝联合有限公司、福记珠宝股份有限公司、宏邦发展珠宝（瓦城）有限公司、联合珠宝有限公司等。珠宝公司基本与政府有密切关系，大都由缅甸华人经营，在帕敢都有自己的矿山，同时也代理其他翡翠玉石商人的毛料营销业务。

每家公司都有自己的加工厂，从翡翠矿山带回的翡翠赌石，通过专业人士擦皮分析、划线以后，便放入巨型解石机上开料，切开一个窗口。对于开料赌涨的

图 6-5　珠宝公司内设的加工厂切割原石的情景（胡楚雁博士　摄）

和质量较好的赌石,开口处经抛光后便会被密封包裹起来,放入库房内,等待买家看货;而解开赌跨的赌石,可能就会被遗弃到一旁。

这些公司接待玉商的房屋大多为平房。房前是一个较大停车场地,房屋外观设计和内部装潢很考究。接待玉商和等待看货的场所为一宽敞的大厅,配有空调、电视等电器和长沙发,茶几上摆放着水果、香烟、点心和饮料等,大厅两侧为一间间放置翡翠赌石的库房和观察间。玉商看货主要在观察间内,房内设施简单,仅有一张大桌子和几张凳子,桌上放置一两盏100瓦白炽灯的台灯和一盆水;房内四周封闭,就连窗帘都被拉下,仅由台灯提供照明和观察赌石使用;一盆水是用来涂抹在翡翠赌石表面,便于观察赌石的内部特征。

玉商到公司后,首先在大厅内等候,当前一批玉商看完货后才会有人安排到观察间看货。当玉商进入观察间后,公司中负责看货谈价员工会根据玉商需要或所喜好的翡翠赌石类型(俗称庄口),从仓库里取出相应的翡翠赌石,并当面解封。为避免相互对比,看货时一般不会同时拿出几件赌石,而是看完一件,再换下一件。看货完全凭借眼力和经验。看好的货可以直接谈价,若买卖价格相差较大,则放弃或待过一段时间以后双方再进一步谈价;若买卖价格相差不大,则可以先"封包"。所谓"封包"是指玉商可以向珠宝公司提出将自己看好的、但价格尚未谈妥的货先封存起来、贴上封条、签上名字或者留下其他相关印迹以便于之后再慢慢谈价。根据行规,被"封包"的赌石,在玉商没有声明放弃、并亲自解封之前,其他玉商是不能再看的。

一件赌石往往需要经过一段时间的讨价还价才会成功交易。赌石一旦成交,接下来的就是办理资金交割手续。这里可以是现金交易或信用交易。一般来说,针对本地买家采用的是现金交易,即一手交钱,一手交货,手续比较简单;若针对来自世界各地的买家,涉及的交易量往往从几万至上千万元,采用的方式主要是信用交易,即玉商看货、买原料不用带现金,而是指定当地某家大珠宝公司作为代理,由珠宝公司全权负责交付购货款、海关关税和运输费用等,玉石商只要到指定地点取货,待取货时再付货款。代理公司按交易额的15%左右抽取佣金,这种方式被称为"包生"。信用交易使玉商免去了携带大量资金的不便以及报关、运输等手续。但并非所有玉商都能做到信用交易,代理公司首先考察的是玉商的资信和信誉,并且需要有其他公司作为担保。

3)瓦城翡翠珠宝交易中心

瓦城翡翠珠宝交易中心位于城边上,是一个大约2万 m^2 的大市场,于1999年建成,非本地商人进入时需交纳1美元的入场费。交易中心比较简陋,环境较差,主要是一排排木制的房屋,有的是带门户的房子,有的直接就是一个大棚子。

市场每天约有5000人进入,有固定收货的商人,也有游商。其中长期固定的收货者一般坐在简陋的桌子后面,卖货者就会将货品递上,供其选择后便进行讨价还价(图6-6)。

整个交易中心分有翡翠戒面区、手镯区、毛料区、片料区、加工区以及雕件区。其中戒面的货量较大,但加工质量一般,以中档为主,深色较多,阳绿者少见;毛料市场以低档货色为主,片料中偶见一些比较好的小片料,适合制作各类小花件;手镯市场最为复杂。总体来说,整个市场鱼龙混杂、真假难辨,考验的是买家的眼力与讨价还价的实力(图6-7)。

图6-6　瓦城翡翠珠宝交易中心　　　　图6-7　加工区内比较落后的翡翠加工场景

4)个人交易市场

在瓦城,个人交易市场多散落在郊外,多为翡翠毛料交易。一些小的玉石商家在矿上得到了一两块毛料,又不愿意让大公司作代理,一般就在行业内部寻找买家(图6-8)。

图6-8　个人交易市场中的一角(胡楚雁博士 摄)

3. 其他的翡翠交易场所

在缅甸,除了专业性较强的翡翠批发交易场所外,还有以面对游客为主的翡翠交易市场,例如昂山市场、瓦城的明货交易市场以及金网、天宝等比较著名的翡翠专卖店。

(1)昂山市场。缅甸还有许多专门市场,而最大的是位于缅甸仰光市中心的以缅甸"独立之父"昂山将军的名字命名的昂山市场(Bogyoke Market),市场已有70多年历史,商品种类繁多,可以买到各种珠宝玉石、金银饰品和传统工艺品,但是真假难分、鱼龙混杂。在这个市场里,绝大多数商人都是华人,他们也主要做华人的生意,因为传统上玉石特别是翡翠是中国人的最爱,当地缅甸人并不特别喜欢佩戴或者收藏(图6-9)。

图6-9 昂山市场外观及内设的珠宝玉石店铺

(2)金网、天宝、富美、宝源等珠宝店。这些珠宝店销售的翡翠基本可以保证是A货,且销售人员全都会说中文,甚至不少就是华人,但翡翠价格较高。需要注意的是,不论在哪家珠宝店购买了玉石制品,一定要向老板索要政府完税发票,一方面可以保证出关时海关放行,另一方面一旦发现货品有问题,只要将原物与发票一同带回,基本都可以退换(图6-10)。

二、云南翡翠交易市场概况及交易特点

(一)瑞丽翡翠交易市场介绍

瑞丽是西南最大的内陆口岸,也是重要的珠宝集散中心,有着"东方珠宝城"的美誉。一直以来在国内翡翠交易集散地占据重要一席,毛料、半成品、成品以较为原始的店铺经营方式,从这里源源不断地输往全国各地。

图 6-10　翡翠珠宝明货市场及内设的珠宝店（胡楚雁博士 摄）

瑞丽珠宝交易市场成立于 20 世纪 80 年代。1992 年,这里建成了全国第一条珠宝街,从此半公开、半隐蔽的珠宝市场走向明朗化。到目前为止,瑞丽市内共有珠宝步行街、姐告玉城、华丰珠宝加工区、新东方珠宝城、国门中缅街五大珠宝加工销售园区,几千家珠宝企业、商铺,聚集了来自全国各地以及缅甸、巴基斯坦等国的珠宝商人,从业人员近万人。

1. 交易特点

瑞丽市场的翡翠高、中、低档都有,也充斥着大量的处理翡翠和仿制品,真假难辨、鱼龙混杂,要靠买家的经验和眼光来识别真伪和优劣,稍有不慎就可能上当受骗。这里的翡翠从来不明码标价,基本是通过自由议价的方式来交易,最终的成交价格也往往需要费一番心思,与老板唇枪舌剑、讨价还价后才能敲定。如果只是走马观花地走访市场,是很难融入这个专业市场的,更别提弄清楚门道和价格了。

这里有个约定俗成的规矩,那就是看不对庄或者是不想买货就不要问价。因为卖家常常喊出的是天价。但如果是熟客,卖家叫价可能会稍微实诚些。对于初入市场的买家来说,要多看、少买,看货后"不对庄",即使不买,卖家也不会生气。看的时候一定要仔细,首先要确认真伪,再看品质、挑毛病,等心中对所看的货物的价格有个合理的评估后再问价,还价时不要受卖主的叫价影响,要按自己评估的价,就低还价。即使还的是低价,卖主也不会生气。

2. 珠宝步行街

珠宝步行街是一个以翡翠成品交易为主的综合性珠宝交易市场,包括了临街铺面、河南滩、手镯区和台丽卖场。

(1)临街铺面。在短短的一条街道上聚集了成百上千家商铺(图6-11),汇聚了来自全国各地的翡翠商人。这些商铺大部分是从事翡翠交易较早的商家,多数实力雄厚。店铺一般上午10点以后才陆陆续续开张,经营的翡翠种类齐全,档次不同。如图6-12所示,珠宝临街商铺里卖家与买家在热烈的交谈中。不少店铺还设有VIP室(图6-13),专门提供高档翡翠的销售。

图6-11 珠宝街上的临街店铺

图6-12 珠宝商铺里卖家与买家在热烈的交谈中

(2) 河南滩。在珠宝街的一过道上有一群比较特殊的卖家,这些卖家均来自河南,他们没有店铺,只是在比较简陋的水泥台上摆摊,提供给客人一把长木椅子就座,没有多余的装饰。在这样简单的环境下仍然吸引着众多的买家前来。

守着摊位的几乎都是女性,上午 10 点才陆续出来摆摊,下午 4 点左右就收摊。这些卖家以卖翡翠挂件为主,一个塑料袋子就装着全部的家当,但这并不代表袋子里装着的翡翠不值钱,恰恰相反,经过了几年的发展,这些河南滩已经由低档转为中、高档翡翠挂件销售为主了。卖家

图 6-13 店铺内设的 VIP 室

一般不会把货铺开来,就放在袋子里。当买家需要看货时,老板会询问或者根据买家的需求来拿货,当然,买家也可以要求看完袋子里的全部翡翠。买家最好是挑选完货后再统一还价,不要每挑一件货就砍一次价,而且最好是一手走。如果非得单挑,那么价格相对较高。

图 6-14 珠宝街的河南滩

图 6-15 一个塑料袋里装着老板的全身家当

(3) 手镯区。顾名思义就是以卖手镯为主的区域,这里有各种价位的翡翠手镯,往往不单卖,需要一批货走。店铺几乎不太讲究装修,设有普通柜台和 VIP 室(图 6-18 和图 6-19)。开店的时间与临街店铺一样,从上午 10 开始到晚上

■ 第六章 翡翠交易市场介绍 / 123

图 6-16　老板正在耐心地等待买家看货

图 6-17　手镯区内从事手镯交易的缅甸卖家

7、8点,但一般下午3、4点时,店家才会开封新到的手镯。如图6-19所示,卖家正准备开启新到的货。货品仅仅用简单的报纸一包,但打开后往往出人意料,手镯基本上为冰种飘花翡翠,价格不菲。一手的手镯,有时候有货头和货尾之分,交易的时候,得估计着货头最高能给到什么价位,货尾好不好出手。有时候一批手镯的数量仅仅有两三只;有的时候一

图 6-18　买家正在店内设的 VIP 房挑选手镯

批手镯数量多达 30～40 只,如果这批手镯的品相都差不多,那么,买家可以考虑与老板商量,只买其中的一部分手镯。

　　要想在手镯区进到货真价实的翡翠手镯,同样要考验买家的眼力、实力和市场交易的经验。一个小小的摊位上低、中、高档手镯都可以见到,水沫子、石英岩玉或者是抛光粉残留严重的手镯也经常混入其中,货品真假混杂、价格不明。需要特别注意的是,摊位上摆放的仅仅是卖家的部分货源,如果买家想要有更多的选择,那么在双方交谈的过程中,买家就必须留给卖家想要购买手镯的印象。如果买家只是走马观花式地走访手镯区,那么极有可能碰不见心仪的货品。如图6-20所示,简陋的柜台上摆放的仅仅只是卖家的部分货源而且真假混乱。

　　(4)台丽大卖场。台丽大卖场是珠宝街上首家卖场式珠宝交易市场,提供柜台出租,大约有 600 户的商铺。租用柜台的商家有的实力雄厚,老板自己看料子、雕刻、销售。有的商家实力一般,或许是刚刚创业,或许是能低价拿货源,例如卖家到有经验、实力较强,且从事翡翠交易的亲戚、朋友那边低价拿货之后再

图 6-19　卖家正在启封新到的手镯

转手一卖。卖场里销售翡翠的种类繁多,高、中、低档均有,但均以批发为主(图 6-21、图 6-22)。

图 6-20　简陋的柜台上摆放的仅仅只是卖家的部分货源而且真假混乱

3. 姐告玉城片区

姐告位于国门的右侧,是瑞丽最开始销售毛料原石的市场,经过近几年的发展,其规模已经扩大了好几倍,包括有玉城、九彩翡翠城、顺玉珠宝城等。除了原石外,这里还有翡翠戒面、手镯、挂件以及硅化木等货品出售,是目前瑞丽最为繁华的综合性交易市场之一(图 6-23)。

图 6-21　台丽大卖场的入口

姐告玉城的西面是最初的翡翠毛料交易市场,现在依然主营毛料。如图 6-

图 6-22　台丽大卖场内提供的柜台及翡翠交易的情景

图 6-23　姐告玉城市场

24 所示,露天的原料市场里经常可以看到缅甸卖家和专业买家进行交易。这里只做早市,11 点左右就收市。毛料大多数是明料、片料,除了翡翠外,水沫子、钙铝榴石等在外观上与翡翠相似的原料也经常出现。这里的翡翠原石除了天然的外,还有不少是人工做假皮的、染色的,图 6-25 中的翡翠原石裂纹发育,种较粗,所显示的紫色是人为染色处理过的。如图 6-26 所示的翡翠原石表皮几乎是经过人为作假处理的,而且留下的绿色窗口往往误导买家的判断。此外,有经验的买家都知道,即使是翡翠明料,经过雕刻后仍可能发生种水、颜色变化的现象(俗称"变种"),所以说,原料的购买是一件不容易的事情,需要考虑的因素太多。

玉城原料市场除了市场摆设的露天摊位上可以挑货外,部分有实力的卖家还提供专门的、类似于 VIP 室的小房间看毛料,可以买到一些品质上好的片料。一般来说,当小房间亮起灯或是关了门,那么其他买家是不允许进去看货的(图 6-27)。

图6-24 玉城珠宝的露天原料交易市场

图6-25 染紫色的翡翠原石　　　　图6-26 做假皮的翡翠原石

图6-27 原石市场提供看中、高档翡翠原料的小房间

　　玉城的东区是成品区。主要以摆摊的形式销售翡翠,其中不少卖家就来自于珠宝街上的商家,这些商家早市到玉城摆摊,中午后再回到珠宝街上开店。这里的翡翠成品种类繁多,品质也不同(图6-28)。玉城的北区主要以销售硅化木为主(图6-29),包括硅化木的原石、成品大摆件以及小的珠子。硅化木原石

图6-28 玉城里每天都在上映热闹的翡翠交易景象

外表如同树干一般,但早已石化成玉,经抛光机的打磨后,树木的纹理、玉石的质感、光泽美便可以呈现出来。此外,硅化木原石也带有一定的赌性。赌的是有无虫子,若有,哪怕是半个虫子,也意味着赌赢了。

图6-29 硅化木的销售是姐告市场的一大特色

玉城的对面是九彩翡翠城、顺玉珠宝城,其交易模式与姐告玉城相似,但以翡翠成品销售为主,其中摊位以中、低档翡翠为主,商铺以中、高档翡翠为主。另外,云南紫外线强,紫色色调看起来比广东要更深色些,在这里购买紫色翡翠需要注意(图6-31)。

4.国门中缅珠宝街

在瑞丽国门处,隔着铁栅栏对面就是缅甸。很多缅甸商贩在栅栏另一边摆着小摊,通过栅栏将钱递过去就能买到缅甸的商品。如图6-32所示,国门大广场常见到隔墙做生意的缅甸美女,当街兑换缅币的缅甸人,国门附近也有几个翡翠的卖场和临街的商铺(图6-33),卖家有缅甸人,也有中国人,主要销售低档翡翠。需要注意的是,来到这里的很多是游客,所以,想要以批发价拿到物美价廉的翡翠,就需要考验买家的实力了。

图6-30 玉城市场外翡翠戒面的交易

图6-31 玉城市场对面开设的商场

图6-32 瑞丽国门口岸

5. 东方珠宝城

东方珠宝城面积较小,以经营中、低档翡翠为主,交易模式与珠宝步行街内的台丽大卖场相同(图6-34)。

6. 华丰珠宝加工区

华丰市场规模较大,经营的内容较杂,包括翡翠、木雕、刀具工艺品、衣服、缅甸和泰国的小食品以及晚市烧烤。在这个片

图6-33 国门周围开设的大卖场

区内有部分珠宝加工区域,商家以河南人、福建人、广东人为主,主打各式雕件,自己加工自己卖,议价空间大。

图 6-34　东方珠宝批发商城

7. 走街串巷的缅甸人

瑞丽珠宝市场上经常可以看到走街串巷的缅甸人,这些人几乎全为男性,梳着油亮的头发,穿着典型的缅甸服饰,背着一个小腰包,操着一口流利的普通话,以卖翡翠、红宝石、蓝宝石戒面为主。他们是没有固定摊位的。看货时就直接站在街边或是某个店铺的门口。

图 6-35　通过对比的方式挑选戒面

戒面品质不同,价位不同。当然他们中也有卖假货的。由于戒面个头较小,又镶嵌在黄铜制的戒托上,很容易买到假货。这些缅甸人往往会主动地向买家询问要不要看货(图6-35)。一旦买家在一个缅甸人这边看了货,之后就不断地有卖家客气地、礼貌地围着你,想要拿货给你看。货品真真假假,甚至有时是越看到后面,越多假货。当然,如果眼力够好,倒是可以挑到物美价廉的戒面。如图 6-36 所示走街串巷的缅甸人,小小的背包里装着不少的戒面,有真也有假,有贵也有便宜。一个买家在看货,四周往往还站着许多想要卖货的卖家。

(二)腾冲珠宝交易市场介绍

腾冲是我国历史上最为久远的翡翠加工和交易市场。自清代以来就一直是达官贵人寻求翡翠和贡品的地方,中华民国初期这里的玉雕作坊就有 100 多家,现今由于瑞丽等地边贸市场的兴起,加之腾冲的交通不便,市场规模远不如瑞丽珠宝市场。

图 6-36　走街串巷的缅甸人

1. 腾冲珠宝交易市场

目前来说,腾冲的珠宝市场虽然较多,但规模基本不大,且基本都以旅游生意为主,专业市场的氛围较淡。主要的专业翡翠批发市场在建设路商贸城,商贸城的批发市场以雕件成品为主,同时交易市场内开设的玉雕工作室也承接手镯和少量戒面的加工。此外,珠宝市场偶尔还能觅得一些民间收藏的老货。交易方式与瑞丽市场相同(图 6-37、图 6-38)。

图 6-37　以游客为主的翡翠商场　　　　图 6-38　商贸街的一角

2. 赶集

腾冲翡翠交易市场还有一个特色就是赶集。

赶集是一种民间风俗,指周期性地进行的商品交易活动,大概每 5 天举办一次。翡翠交易早市在腾冲商贸城举行,每逢赶集日,从早上 8 点到中午,热闹非凡、人声鼎沸。集市上除了腾冲本地的玉器老板外,还有来自昆明、瑞丽、保山、大理等地的玉器老板(图 6-39)。

■ 第六章　翡翠交易市场介绍 / 131

图 6-39　赶集

3. 琥珀交易市场

缅甸的琥珀矿是近几年才发现并开采的,腾冲毗邻缅甸,具有得天独厚的优势,目前已成为国内缅甸琥珀最大的批发集散地。现今,原本以翡翠销售为主的商贸城渐渐演变成销售缅甸琥珀的市场(图 6-40)。这里集中了很多琥珀商铺,包括林云琥珀批发市场、琥珀交易大厅、一品堂琥珀大厅。此外,一些接待从事琥珀交易人员住宿的酒店,如顺和宾馆、桂玉公寓、星星酒店等也逐渐成为酒店式琥珀交易中心。从业人员来自缅甸、印度、中国台湾,但还是以内地的商人为主。

图 6-40　商贸街上琥珀交易的繁华景象

琥珀的价格可以说是五花八门、雾里看花。便宜的琥珀原石可以低至 1 元/克,贵的有几百～几千元/克。需要注意的是,琥珀的真伪鉴别目前是一个公认的难点,专业的珠宝玉石检测中心即便借助高科技的仪器设备也不一定能鉴别出。因此,想要单纯地借助眼力、凭经验买到货真价实的琥珀就有很大的难度。

(三)昆明珠宝交易市场介绍

云南是一座旅游省份,自古以来就有"到云南买玉"的说法。到云南旅游的游客往往会被带到翡翠玉石珠宝店去购买珠宝,而且大多数的游客也乐于到云南购买翡翠。笔者曾经在昆明某珠宝店定岗实习一个月,在这一个月中,体会到了游客"爱玉、买玉、戴玉"的热情。

景星花鸟市场是昆明一个重要的翡翠交易场所,在这里开店的卖家主要从揭阳、平洲进货,其次从是缅甸拿原石,再到广州加工,个别的卖家是从缅甸拿原石,然后在本地加工的。销售的对象以普通买家为主,有少量的批发(图6-41)。

图6-41 景星花鸟市场二楼的翡翠交易市场

昆明大部分的翡翠玉石珠宝店主要经营对象就是各方旅客。最著名的要数七彩云南翡翠。七彩云南翡翠创立于1999年,是一个集翡翠开石、科研、设计、加工、连锁经营一体化的企业,也是国内第一个注册的翡翠商标,著名舞蹈艺术家杨丽萍长期担任该品牌形象代言人。七彩云南翡翠的经营理念是保证所销售的每一件翡翠为天然翡翠,绝无人工处理翡翠,因此,店铺内的翡翠主要为市场零售价(图6-42)。

此外,位于昆明金马碧鸡坊附近以及北京路上还有不少的翡翠珠宝店,均以翡翠销售为主,主要经营对象也是以游客为主。

三、广东翡翠交易市场概况及交易特点

广东作为翡翠进入中国的一大门户,也是我国最大的翡翠集散地。广东的四大翡翠批发市场在国内翡翠行业占据重要地位,这四个市场分别是广州、肇庆

图 6-42 七彩云南翡翠

四会、佛山平洲、揭阳阳美。

从地理位置上来说,广东并不与缅甸毗邻。广东的翡翠市场之所以如此快速地发展应该归功于广东省的经济、地理、历史以及当地珠宝商的经商意识等因素,尤其是后者,当云南的商人还在满足于靠原料和半成品转销赚取一部分中介利润的时候,广东的商家已将大部分的资金、人力、物力运用于深加工中,经过多年的发展壮大,慢慢形成了比较完整的产销链条。

(一)广东市场交易特点

广东是我国最大的翡翠交易集散地之一,翡翠以成品、半成品以及镶嵌饰品为主,四大交易中心不仅品种齐全,而且各自主题明确。例如广州的长寿路玉器街历史悠久,以经营各种各样的成品翡翠为主;佛山平洲以销售手镯为主,兼有翡翠的公盘以及加工;肇庆四会以天光墟半成品雕件为特色,而揭阳的阳美以高翠、种好的高档翡翠为主。

一般来说,广东的翡翠交易批发市场以一手走为主,翡翠无明确标价,每个卖家都会备几个计算器。看到喜欢的货时买家先问价,商家则拿起计算器按出价格,第一次的价格是试探性的,会比成交价高出几倍或者几十倍,这时就要考验买家的眼光与经验了。有时卖家会先问买家"对不对?",这是在询问买家觉得货怎么样。如果得到的答案是"不对",那就要看是货不对还是价不对,货不对就是没看上货,商家就不会再多说什么。如果是价格不对,卖家会给个计算器让买家报价,这个时候买家不能盲目报价,因为一旦报的价被商家接受了,那么买家就必须得买。

批发市场里主要以柜台的形式进行租赁,基本不讲究装修,需要注意的是小小的柜台上摆放的仅仅只是卖家的部分货源,当买家在交易过程中留给卖家"想要进购大量的货或者有较强的经济实力"的印象时,卖家才会把更多的货拿出来让买家看货、挑货。

与云南翡翠市场相比,广东的交易节奏快很多,交易时间往往也就2~3天,而生活节奏比较缓慢的瑞丽,看中货到最终谈下价格可能需要10~15天。但也正是由于广东的交易节奏比较快的原因,在前几年翡翠市场行情较好的时候,部分广东卖家不愿意与买家过多地讨价还价,谈价空间较小。但是近年来,翡翠行情遇冷,卖场里门庭冷落车马稀,有时候卖家的数量比买家还多,从目前来看,翡翠叫价降低了,议价空间也增大了许多。

与边境城市瑞丽相比,广东的交通更便利,买家甚至还包括了在云南瑞丽、腾冲翡翠批发市场里从事翡翠交易的业内人士。有的买家资深懂行,有的买家初入市场,卖家也是如此。这里的市场环境较为复杂,考验的不仅仅是专业知识,还有人际交往能力。

(二)广州长寿路玉器街

广州的长寿路玉器街是一条拥有上百年历史的古街,地处上下九步行街,交易市场以华林玉器街为中心,这里聚集了几十万户珠宝商,走进华林国际珠宝交易大楼或是大楼周边狭窄的小巷子,可以看见密密麻麻的摊位,是广东四大玉器市场中最大的成品销售集散地(图6-43)。

图6-43　华林国际珠宝交易市场

(三)平洲翡翠交易市场

平洲翡翠交易市场在行内以加工翡翠手镯而远近闻名,主要包括玉器街、玉器大楼和翠宝园,以批发手镯半成品、成品为主,其次是成品挂件,高、中、低档货皆有,交易方式与广州相同。原石交易是平洲市场的又一特色,交易类似缅甸的公盘,但拦标现象严重;另外,这类还有被业内人士戏称为"垃圾场",以销售中、低档翡翠为主的交易场所。平洲交易市场比较大,云集了各地的商家,包括原本

图 6-44 狭小的巷子里密密麻麻设有几百个摊位

图 6-45 翡翠市场遇冷低价出售的情景

在四会、广州、揭阳从事翡翠买卖的人都有可能在这里设立分销点。同时该市场还设有便利的交通、穿梭巴士,方便买家来往于广州玉器街、平洲以及四会。

1. 平洲玉器街

平洲玉器街主要由旧的玉器街、玉器大楼和翠宝园三大部分组成(图 6-46)。

旧的玉器街就是老街,由于设立初期的规划没有考虑到后来壮大的情况,平洲玉器老街的路面比较狭窄,还时不时通过公交车、汽车和摩托车,拥挤而热闹。道路的两侧均为两三层楼的房子,一楼全部为店面。店铺内装修简单,大多数以柜台的形式出租,小小的一间店铺往往有两三个卖家。在老街经营的卖家大都是早期从事翡翠交易的平洲本地人。

平洲玉器大楼于 2009 年正式投入使用,现已经成为了平洲玉器街的一个地标中心。在这栋两层楼的建筑里设有几百家的档口(图6-47),以销售各种档次的成品手镯以及中、高档挂件为主。这里常见串成一大串的手镯,卖家一般不拆卖。这些一大串的手镯有的品相完美,但更多的是具有货头和货尾之分,其中货尾大多是带有裂纹或者黑色斑点等严重瑕疵。买家在购买时,需要考虑货头最高能给多少钱,货尾好不好出手,整批货中带有裂纹的手镯比例如何,以此来最终来考虑估价、给价。此外,还需要格外注意的是带有较多抛光粉残留的豆种豆色的手镯。这类的手镯因为满足"外行人看色"的需求,卖价一般不低,但由于残留抛光粉的痕迹有时不是很明显,往往会让买家看走眼。

图6-46 平洲玉器街

图6-47 玉器老街两侧开设的档口

目前玉器大楼大约有600多家档口(图6-48),卖家来自于平洲本地、广州、河南、四川等地,部分卖家是早期就开始从事翡翠生意的,但大部分的卖家是近几年才进入这个行业的。玉器大楼开张到现在,恰逢翡翠的行情跌宕起伏,大楼内部的档主变换频率较高,部分原因在于某一时期的市场行情较差,档主通过更换档口的位置来获得更多的客源;部分原因是货不适合,档主直接关闭了档口;部分原因是经济实力较强的投资者看准了时机炒作转租档口谋利,还有部分原因是卖家生意太差,营业额还不足以交租金而关闭档口,但不变的是玉器大楼内熙熙攘攘的繁荣景象。

翠宝园是平洲的另一个大型的翡翠交易中心,于2011年建成的,位于平洲玉器街街尾。但由于是新开发的交易场所,加上目前翡翠市场行情冷淡,翠宝园

图 6-48　平洲玉器大楼及内设的档口

图 6-49　平洲市场随处可见的成串的手镯

的交易气氛比较淡。

2. 平洲玉石投标交易会

平洲不但是翡翠手镯交易的集散地,还是原石交易集散地。平洲的原石交易指的是玉石投标交易会,类似于缅甸的公盘。缅甸几家著名翡翠贸易集团大公司,为了满足中国市场对翡翠毛料日益增大的需求,纷纷在平洲设立办事处,直接运毛料到平洲销售,既方便了国内众多买家,也增加了原石的价值和经济效益。例如恒盛公司会把原石运来平洲开投,几乎每个月都有一两次原石开投(多的时候可能有四五次)的机会。投石、看货的人员需凭平洲玉器协会会员证进入。若要成为平洲玉器协会会员则首先要有三名会员的保荐,其次还要有协会副会长以上领导的签字确认方可办理,手续繁杂。

每次开投都有数千人到场看石、下标,场面十分壮观,玉石成交金额少则数千元,多则数百万元不等。主要以暗标和明标的方式进行交易,但拦标也是常有

图 6-50 平洲玉石投标交易现场

的事情。拦标指的是料主为了让原料高价卖出,在得知投标价的情况下仍参与投标。货主拦标违反了交易公平的原则,货主可以随意拦标,主动权完全在卖家,而买家别无选择。事实上不少买家也反映:拦标的料子太多,看得上眼的料子都是货主拦标,公盘上很难买到中意的料子。有行家认为如果平洲的公盘一直按照这样的营业模式进行,那么终究会被市场淘汰。

图 6-51 公盘上密封的投标箱
（胡楚雁博士 摄）

近年来,相比成品市场来说,原料市场一直是场面火爆。对于行家来说,无论行情涨跌,补充货源是维持生意运转的根本。原料价格高的时候要买,原料价格低的情况更要买。

3."垃圾场"

这是一个很特别的地方,以销售中、低档翡翠为主,混杂有大量的处理翡翠和仿制品,鱼龙混杂,真假难辨。在这样一个定位不高的场所,高档翡翠往往卖不出高价钱来,因此被平洲的卖家戏称为"垃圾场"(图 6-52)。

一般来说在以经营高档翡翠为主的店铺中,销售的普通翡翠价格也会水涨船高。那么,在一个档次不高的环境里,品质好的翡翠也难以卖出高价。因此在这里逛一逛,也许会有意外的收获。

(四)四会翡翠交易市场

四会是国内最大的翡翠加工基地,位于肇庆市下属县级市四会市。走在四会的大街小巷,不时能听到金刚钻摩擦硬玉发出的刺耳的"吱吱"声,这是玉雕工

图 6-52 "垃圾场"里的交易情景

人们工作的声音,在这里放眼望去,随处可见一间间小作坊。

四会玉器市场由四大部分组成:玉器街、天光墟、万兴隆翡翠珠宝城和四会国际玉城城。此外,在天光墟周围还分散有很多个大大小小的卖场,例如四会大酒店一楼商场、日丰毛料市场等。从事买卖的商家主要来自四会本地、河南以及福建等地。主要销售雕刻类半成品和成品挂件、珠子以及部分的摆件,与其他玉石交易市场相同,这里同样是鱼龙混杂、真假难辨,最终的成交价格需要通过一番讨价还价才能获得。

1. 天光墟

四会天光墟的早市最为特色(图 6-53)。每天凌晨三四点钟,卖家们提着电瓶灯,带上尚未抛光的半成品雕件到该市场摆摊销售,半成品相对于类似品质的成品来说,价格要优惠很多。销售的货除了天然的尚未被抛光的翡翠外,还有大量与翡翠相似的玉石以及最新流行起来的经过酸洗、染色处理的半成品,所有的货品均被抹上一层油(图 6-54),在凌晨光线不足的情况下,能否买到货真价实的翡翠,考验的是眼力、经验和智慧。常见的是妻子出来卖翡翠,丈夫和孩子在家雕刻翡翠,非常传统的经营方式。

图 6-53 天光墟的早市　　图 6-54 早市上表面被抹油的半成品

资深的行家都知道翡翠抛光前后,颜色、水头、质地会发生很大的变化,俗称"变种"。如图6-55所示,抛光后翡翠颜色的显眼部位出现了大的棉絮和裂纹。如图6-56所示,抛光出来的翡翠成品的颜色会发生变化,加上底色的影响,成品颜色往往没有半成品的颜色鲜艳,而且底灰、种粗、颗粒感强甚至隐藏的裂纹、棉絮等瑕疵也暴露出来了。

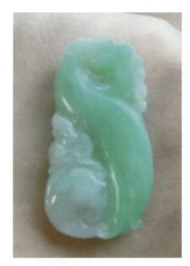

图6-55 抛光后翡翠出现大的棉絮和裂纹

图6-56 抛光前后的颜色、质地对比图

现在的天光墟不但有早市，在白天、晚上也设有卖场。白天时段的销售则以成品为主的。早上八九点钟，第二批的卖家就会陆陆续续前来，拉着小车，带上抛光好的挂件，替换早市的卖家，继续坚守在这条件并不是很好的场子里(图6-57)。

天光墟还被称为是环境最差、租金最贵的地方。这里面积大约1万m^2，分A、B、C三个场，

图6-57　上午9时，第二批的卖家陆续前来

销售主题明确，A区以销售挂件为主、B区以销售珠子为主，C区则以销售摆件为主。每个场子大约有600个摊位，每个摊位有一个0.9~1.3m的柜台，柜台没有任何的装饰，仅仅是简陋的水泥台，没有空调、不设卫生间，买家几乎都是站着与卖家讨价还价，碰到下雨天，场子里还漏水，租金大约是1300元，分早、中、晚3个时段收取，而在广州华林玉器街最繁华的商铺每平米租金也不过3000元。但是就这样环境差、租金高的地方，好位置的摊子还要投标才能获得的。

此外，天光墟里还设有大小不等的加工工作室，专门提供抛光。抛光的价格不等，最低的工费为10元一件，抛光后，商家会根据地址将货物快递给买家。

2. 万兴隆翡翠珠宝城

万兴隆翡翠珠宝城是四会新开设的翡翠交易场所，也是中国翡翠玉器专业市场首家公开承诺"全场A货、假一赔十"的翡翠集散基地。这里和天光墟经营的性质一样，以低廉的价格、快速的产量以及早市而出名，但是基础设施和市场管理要好很多，而且商场门前设立广州华林国际玉器城到万兴隆翡翠城的专线车。从目前来看，越来越多的买家前往这里看货、买货。

3. 玉器街

玉器街是四会最早的翡翠市场之一，也是唯一一个以店面为主的成品挂件批发区。此外，短短的一条玉器街还开设有不少玉雕大师工作室。与家庭作坊为主的玉雕加工场所相比，高品位的大师玉雕工作室已成为发展新动向，其职业道德、从业人员的手艺、业务素质等方面都有了很大的提高，并且具有品牌创立的意识，因而无论是作品还是信誉在玉石首饰市场上的优势都是与日俱增的(图6-58)。

图6-58 "乐且耽"玉雕大师工作室

4. 四会国际玉器城

四会国际玉器城是近年新开的一个规模较大的玉器市场,以销售中、低档翡翠挂件为主,有少量手镯在售,议价空间大。但是目前由于买卖的惯性思维,这里不是很兴旺,多数人还是会在旧的几个场子进行交易(图6-59)。

图6-59 四会国际玉器城入口及内部情景

(五)揭阳阳美翡翠交易市场

揭阳阳美翡翠工艺精美,业内闻名,阳美市场规模不大,主要以销售高档货为主,不少实力雄厚的商家都成立了珠宝公司,甚至在北上广深等地开设了分店(图6-60)。在这里几百元一件的翡翠都是便宜的,一件货开价几万甚至几十万是常有的事。

据文献记载,自1905年起,阳美村民就从事玉器加工生产贸易,迄今已有近百年的历史。到目前为止,全村从事玉器行业的人数达98%,而且国内90%的中、高档翡翠也都全部出自于这个村。虽然阳美玉石加工规模不断扩大,加入玉石加工行业的人员大量增加,但一直以来其加工的翡翠只是被香港珠宝行收购包装销售。亚洲金融风暴后,香港不少珠宝行生意大不如前。相反,以质量上乘、工艺独特的阳美玉器业务却不断发展扩大,许多原先在香港取货的世界珠宝商纷纷取道直接到阳美收购翡翠,使阳美生意更加兴旺。经过近10年的发展,阳美村产销的翡翠从数量和质量上都已超过香港,已成为世界最大的高档玉集散地,缅甸各大原料公司70%以上的原料都是销往阳美。

图6-60　阳美市场的标志性入口

早年的阳美村是一个落后的小渔村,现在的阳美具有"中国玉都""亚洲玉都"的美誉,这与阳美人的聪明、勤劳和拼搏有关。其中,阳美独创的"公开股份制"和加工工艺的创新,也是阳美玉器获得市场竞争力的重要原因。"公开股份制"指的是在一块翡翠原石锯开之前,许多商家都可以自由参股,在没有合同和协约的前提条件下,参股的商家共享盈利或者分担损失。正是在这样的创新下,阳美人能够融合充足的资金到缅甸购买到第一手的原料,减少了中间商,让加工出来的成品更具有竞争力,因此,熟悉的买家喜欢到阳美购买高档翡翠。

阳美交易市场一般是上午10点才开市,中午12点到下午2点左右休息,下午6点左右就关门。此外,这里晚上还有夜市主要以销售半成品和片料为主。阳美翡翠交易市场不大,其中前门的铺面装修比较豪华,以销售高档翡翠为主,卖家叫价颇高(图6-61);后门则为小铺面、加工的小作坊和工作室(图6-62、图6-63),以销售中档翡翠和翡翠片料、碎料为主,需要注意的是在这里出现的精品翡翠,其要价一般也比前面精品铺面低一些。

此外,在阳美玉石交易市场里还有部分白玉(和田玉)的加工与销售,该市场属于新兴市场,在知名度和影响力还有待于提升(图6-64)。

图 6-61　阳美玉石交易市场内以销售高档翡翠为主的店铺

图 6-62　阳美交易市场后门的小铺面

图 6-63　销售片料同时又提供来料加工服务的小作坊

图 6-64　阳美玉石交易市场中新兴的以销售、加工和田玉为主的市场

四、河南南阳翡翠市场介绍

河南南阳出产中国四大名玉之一的独山玉,自古就有"玉雕之乡"的美誉。在这样的传统背景下,南阳市镇平县石佛寺逐渐发展成国内最大的玉器加工、交易市场之一。石佛寺本地的人基本上都是从事玉器相关生意的(图 6-65)。

石佛寺批发的玉器种类繁多,包括翡翠、白玉、独山玉、岫岩玉等。石佛寺广场的店铺里有着价值不菲的和田玉籽料、高档带色翡翠,当然也有低档玉石、处理玉石。万能仿制品玻璃的身影也随处可见(图 6-66)。河东河西两个大棚子下面的摊位上,同样有着真真假假各种玉器。从高古玉(年代较早的古玉)到明清玉器再到现代玉器,应有尽有。

与其他玉石交易市场类似,这里的价格不会明确标出,是否买到货真价实、物美价廉的翡翠,考验的正是买家的眼力与实战经验。

图 6-65　镇平石佛寺玉器批发市场

图 6-66　带着皮壳的玻璃仿制品

第七章　做一名优秀的导购员

在购买各种各样珠宝玉石的经历中,人们印象最深的可能是翡翠市场的复杂和混乱。这主要是早期市场出现的太多以假乱真、以次充好的事情所带来的负面影响。另外,大多数消费者对翡翠的识别能力是有限的,对价格是存在疑问的,因此,尽管喜欢翡翠,却不敢轻易购买。

销售人员的首要任务就是让顾客打消疑虑,用他们的专业素养、自信和诚心来建立顾客购买翡翠的信心。销售人员需要做的就是在了解翡翠的文化和翡翠鉴赏知识的基础上,掌握顾客的购买心理,了解一些实用的销售技巧,这样才能有效地推销翡翠。

一、优秀导购员的标准

如果说珠宝销售是技术,不如说它是艺术。一件翡翠能不能很顺利地被卖出去,除了翡翠本身的亮点外,导购也是一个至关重要的因素。在很多教材和资料里,对优秀导购员有明确的、专业的定义(图7-1)。

图7-1　导购员的定义

二、销售过程解说

翡翠的销售一般分成8个步骤:①做好售前各项准备;②礼貌招呼顾客光临;③与顾客做初步询问;④探寻顾客购买动机;⑤有效塑造产品的价值;⑥消除顾客购买余虑;⑦讨价还价;⑧帮助客户完成交易。

三、正确识别消费者的购买需求

在销售之前,导购员必须正确的认识到两个问题:①卖自己想卖的翡翠比较容易,还是卖顾客想买的翡翠比较容易?②是改变顾客的观念容易,还是去配合顾客的观念容易呢?所以,在向客户推销翡翠之前,先想办法弄清楚他们的观念,再去配合他们。如果顾客的购买想法观念与销售的翡翠或服务的观念有不同,那就先改变顾客的观念,然后再销售。

1. 顾客类型

通常来说,爱翡翠、玩翡翠、买翡翠的人主要分为喜欢翡翠但不了解翡翠的人、喜欢翡翠也了解一点翡翠知识的人、资深行家、希望通过翡翠生意挣钱的人4类(表7-1)。

表7-1 购买翡翠的顾客类型

顾客类型	购买翡翠的理由
喜欢但不了解翡翠知识的人	1. 跟风收藏; 2. 听说玩翡翠有利于身体健康; 3. 佩戴翡翠,提升品位和身份
喜欢也了解一点翡翠知识的人	1. 纯粹喜欢翡翠; 2. 把玩玉当成一个健康的爱好; 3. 想学习收藏或鉴定翡翠的技术; 4. 能够接触到玩玉的朋友圈
资深行家	1. 喜欢翡翠的质感和品质; 2. 看到好的东西就想收藏
希望通过翡翠生意挣钱的人	1. 想从中挣钱; 2. 想捡漏

2. 顾客心理及行为模式

生活中购买翡翠的顾客是多种多样的。不同的顾客在购买动机及行为方面有着很大的差别,受购买动机、经济条件、生活方式、社会文化、年龄和个性等因素的影响。

(1)资深挑剔买家与不了解翡翠的买家。或许有人认为:资深行家往往比较挑剔，交易很难达成；有人认为不懂翡翠的顾客应该比较容易说服、达成交易，众说纷纭。在实际的交易过程中，导购员的确经常会碰到一些不了解翡翠的顾客，这些顾客常常表达出"这块玉怎么都不绿呢？""这块绿色的翡翠怎么这么贵啊，还不如买黄金呢"的想法。由于顾客对翡翠的不了解，观念里又认为绿色翡翠才好，但却又不知一分价钱一分货，绿色深浅相差一点，价格或许就相差甚远。这样的顾客总希望买到翠绿色的翡翠，但又囊中羞涩，结果是高不成、低不就，其实很容易放弃购买翡翠。相反，对于一些资深行家来说，由于对翡翠的性质和市场行情比较了解，即使翡翠的价格疯涨，即使自身比较挑剔、眼光毒辣，但资深买家认为只要这件翡翠值得，价格在自己能接受的范围，就会慷慨解囊、爽快购买。从这两个例子可以看出，面对不同类型的顾客，导购员需要迅速地做出反应，针对不同的情况给予恰当的建议，才能获得顾客的信任。

（2）年轻的消费群体与年长的消费群体。年长的消费群体，大多比较有购买实力，他们保值增值的观念根深蒂固，总是希望能给后人留点什么。因而希望能够收藏些有价值的东西，而符合中国人审美观念的翡翠就有很强的保值功能，这恰好迎合了年长消费群体的要求。对这类消费者来说，保值增值的观念也是一个很好的卖点。而年轻的消费群体购买实力要稍弱，但是他们的消费欲望更加强烈。需要注意的是，年轻消费群体的审美观念正在悄然地发生改变，对翡翠作品提出了多样性、趣味性、艺术性、个性化、时尚化等要求，而翡翠市场上随处可见的机雕翡翠制品缺乏手工艺制品所蕴含的构思和文化内涵，缺乏创作者与消费者之间的情感共鸣，或者说千篇一律的以传统图案为题材的翡翠挂件是难以吸引这些年轻消费者的。

（3）冲动型和理智型消费者。冲动型消费的顾客经常在广告和商品陈列等因素的刺激下购买商品，他们在挑选商品时主要凭直观感受，可能因喜爱或看到他人争相购买就会迅速采取购买行动。因此，生动的广告、美观的商品包装、引人注目的商品陈列等对于吸引这类消费者购买效果十分显著。

相反，还有一类顾客属于理智型的，他们在决定消费前先做一定的学习，掌握一些粗浅却较为实用的知识，然后在谨慎看货、谨慎还价、反复考虑、认真分析、多方比较之后才会进行购买。他们在购买翡翠时不轻易受广告宣传、商品外观以及其他购买行为的影响，而是认真对比翡翠的品质、价格等因素。接待这类客户时要实事求是，详细地介绍翡翠，强调玉文化。还需要强调的是，年轻的消费群体在购买前会通过网络进行一番了解，了解如何选购翡翠，比较价格。但可能网上的信息不准确或者网上的报价不真实而对实体店内的购买行为产生影响。因此，面对这类的顾客，销售人员应该拿出更专业的素养，在肯定顾客的观点和看法的同时，提出不足和纰漏及时解释，只有这样，才能打动消费者。

(4)有主见的购买与随意性购买。随意性购买表现出购买者缺乏主见或经验,不知道怎样选择,乐于仿效他人,导购员的建议对他们影响较大。相反,有主见性的购买意味着买家带有非常明确的目标,导购员就要对症下药或投其所好,了解顾客实际的购买动机,并在掌握顾客的实际购买能力之后,介绍高于、等于和低于其购买能力的翡翠供顾客进行挑选,并适时地进行品评,让顾客有充分的理由肯定自己消费的目标,直至作出最终购买的决定。

(5)为自己购买与为他人购买。贵重的珠宝首饰可提升佩戴者的社会地位,购买翡翠给自己的人或多或少都希望通过佩戴珠宝首饰提高自己的身份地位,获得他人的尊重。因此,推销贵重的珠宝首饰时便要强调这一点(当然要注意语言的表达方式),要让顾客认同越是贵重的珠宝越不是普通人买得起的,让顾客觉得戴了这件首饰之后自己的身份地位更加与众不同,更加非同凡响。而为别人挑选礼品时,赋予特殊意义的珠宝能让人获得情感的满足,此时,强调翡翠的意义就是很好的卖点。

3. 有效塑造产品的价值

(1)正确看待翡翠的核心价值观。翡翠不单单能够满足消费者物质方面的需求,更重要的是能满足人们精神上的愉悦感。除了要把握住翡翠本身的卖相外,更重要是要以翡翠的文化内涵为主线,激发顾客的购买兴趣。通过讲解翡翠蕴含的寓意及其代表的美好祝福能让消费者产生拥有翡翠的渴望。另外,通过对比不同质地的翡翠,让消费者深刻感受和认识到高档翡翠的品质和其传统而精湛的雕琢艺术,更能激发消费者的购买欲望。

(2)营造感觉。通常有一个决定性的力量在支配消费者下定决心购买一件东西,那就是感觉。举个简单的例子来说,假如消费者看到一条漂亮的裙子,价钱、款式、布料各方面都不错,可是在与销售员交谈时,销售人员表现出不尊重或者不热情的态度时,那么消费者肯定不会购买,因为感觉不舒服。假如同一条裙子却是在地摊上销售的,那么消费者极有可能不会购买,因为感觉不对。感觉是一种摸不着、看不见但是在交易过程中影响消费者行为的关键因素,起着重要的作用。例如有些顾客喜欢的不是珠宝本身,而是喜欢珠宝带来的一种生活方式或心理感觉。所以,从顾客喜欢的东西出发,将珠宝与此联系起来,让顾客爱屋及乌地喜欢上珠宝,让顾客感觉到的不止是珠宝的价值,还产生更多物超所值的心理价值,也就是营造出了正确的感觉,找到了销售的门路。

需要注意的是感觉可能是消费者给自己的,也可能来自于产品本身、购买的环境、导购员的语言、语调或是肢体动作等,在整个销售过程中为顾客营造一种好的感觉也就成功地打开了销售的大门。

一般来说可以通过3个方面来营造气氛,树立正确的感觉:服务气氛、工作气氛以及专业气氛。其中服务气氛指店铺的服务性举措以及导购员在为顾客服务时的言行举止、表情和心理状态。例如导购员对不购买产品的顾客做出轻蔑言语和动作或者是导购员过度热情的接待顾客,会让顾客产生虚情假意的感觉,从而对导购员产生不信任,相反,恰当的言行往往会取得顾客的好感。其次,工作气氛指导购员在工作时的精神状态。最常见的情况是,当导购员过长时间处于空闲状态时,一旦有客人到来,很难快速进入工作状态,而且容易分心于其他个人私事或者扎堆聊天,导致顾客进店时熟视无睹或者多名导购员闲站着却无人上去接待顾客。良好的精神状态才能营造出良好的工作气氛,有利于激发导购员的激情,增进促销。最后,专业气氛主要体现在店铺的专业性宣传和导购员专业性的讲解等方面。例如店内玉文化环境的营造,导购员能够通过通俗易懂的表达方式来介绍翡翠的专业知识或者回答专业性问题等,良好的专业素养很容易让顾客留下好的印象。

4. 讨价还价

讨价还价是翡翠交易中一种普遍存在的现象。

当导购员介绍货品之后,一般情况下,顾客既不会马上购买,也不会轻易离开,而是会提出各种各样的问题,挑出各种毛病。缺乏耐心的导购员不了解这一点,常常认为这单生意没戏了。其实恰恰相反,挑毛病、提问题说明顾客在犹豫或者是在想方设法还价。

由于翡翠经营过程中的不透明性,价格的不确定性,在翡翠交易市场上,很少有合伙经营的,一般是独家经营,因此除了类似于"周大福"这样的连锁品牌专卖店以外,翡翠的批发市场以及大多数专卖店都是可以讨价还价的。当导购员接待顾客时,就会碰到各种各样的讨价还价的方法。了解这些方式,也就相当于了解消费者的消费心理,便于导购员处理价格异议,这同样对营销起到重要的作用。

1) 顾客常用的讨价还价的方法

(1) 品头论足。这是顾客最常用的讨价还价的方法之一。通过挑毛病的方式,夸大货品的缺点,比如说翡翠颜色不够鲜艳、黑点正好出现在最显眼的地方、雕工不好等,总之,要让人觉得货品一无是处,从而达到减价的目的。

(2) 试探虚实。在讨价还价时,客户往往用试探的口吻询问"我看价不会过千""最多几百块钱""之前,我才买过,xx元"。这些试探性的话语表明了顾客希望价钱再便宜一点,这是顾客的一个正常消费心理,而不是决定顾客购买的主要因素,作为一个有经验的销售人员根本没有必要就类似于"能不能便宜一点"的问题与顾客开始讨价还价,而是应该在客户关心价格的时候引导他关注其他价值。即使降价,也不要一下子就降很多,要一点一点来,而且导购员需要很诚恳地对顾客强调实在是很低价了,并强调产品的其他亮点,转移顾客的关注点。

(3)统一还价。有经验的客人在店里相中了很多件货,一般不会一件一件地还价,更不会一件一件地砍价。如果导购员这时回答说:"我们都是统一定价的,如果能降价我早就给您降了",这么说会给顾客非常冷漠的感觉,不利于顾客作出成交决定。此时,导购员应该采取的是先将货品进行分解,逐项讨价之后再作总体报价,最后在总价上再给予一定优惠的策略。

(4)声东击西,攻其不备。这是一招非常有效,结果往往让人意想不到的方法。正所谓"喜欢就是价",所以在交易市场上店主常常根据顾客的喜好来开价钱。一些顾客在表情、动作上表现得特别关注某件翡翠,询问价格,颇有一番积极谈价的架势。这时"善于察颜观色"的店主就会漫天起价。若此,顾客突然问起他原本不屑一顾的翡翠价格,店主通常不及防范,报出较低的价格。

(5)虚张声势。不少学生或是初入市场的买家,由于资金有限,看货交谈时显得小心谨慎,往往容易吃亏。这时顾客如指出其他店同样的翡翠价格却更低时会有很好的效果。这一招"杜撰"虽已用滥,但仍是砍价必要的一环。

这样的情况是正常的,所谓"买卖不同心",作为顾客来说,价格永远都是贵的。他们这样一直提到贵,只是想要卖家继续地降价。当客户说"价格太高了"时,导购员看到的应该是一个可以马上促成的"积极信号"。因为在顾客的眼里,除了"价格太高"之外,实际上已经接受了除这个因素之外的其他各个方面。那么面对这样一个问题,导购员可以运用同理心,肯定对方的感受,充分理解顾客的同时,询问顾客与哪类产品比较后才觉得价格高或者是巧妙地将顾客关注的价格问题引导到其他同样重要的因素上来。比如说高质量的产品,切忌不要只降价。

(6)夺门而出。走,是砍价的"必杀技"。当店家报价后,顾客表现出漫不经心的样子之后转身出门,心急的店家可能会不愿意放过快到口的肥肉而立刻减价。夺门而出这个问题很普遍,涉及较多的因素,除了价格原因外,是否还有存在服务不到位的原因,这就值得导购员去思考了。

(7)刺激眼球。有经验的买家也知道有些店家并不吃"走为上,狠压价"这一套。这时,买家为了"刺激"还未开张、挣到钱的老板,会有意无意地走到隔壁的店铺去看类似的货,这时,店家或许就心急了,把刚刚离开的客户叫了回来。

(8)浪子回头。不少顾客在翡翠市场里转了一圈之后,发现还是最初那家店的价钱便宜,于是,再次回到店里。此时,导购员不要认为顾客回来店里就会爽快地接受刚刚的价格。实际上,顾客还是会想方设法讨价还价一番。顾客往往会拿起货品,装傻地问:"刚才你说多少钱?是 xx 吧",顾客所说的价格会比刚才店主挽留的价格自然要少一些,要是还可接受,店主一定会说"是"。看,这又是成功的一次营销。

(9)开门生意不还价、关门生意不赚钱。做翡翠玉石生意的店家讲究开门红,也希望晚上收市时,还能最后赚上一把。一般来说,为了早点开张,让一天生意都顺顺利利的,第一桩生意,店主开出的价格会实在很多,且不愿过多与顾客讨价还价一番。这时,顾客只要还出一个不要太离谱的价格,店主往往会同意成交。同样的道理,顾客也会抓住店主想要关门回家的迫切心愿,来和老板讨价还价一番。其实每行都有每行的潜规则,对店家来说开门生意不还价是一种好兆头,是习惯。而大多数顾客都了解这样的潜规则,那么,顺应这样的规则,不失为促进销售的一种好方式。现在许多聪明的店主还将这种做法进行升级,开门生意照样不还价,还赠送小礼品以此来吸引顾客。

2)如何处理价格异议

与买家的讨价还价就像在打一场心理战一样,优秀的导购员应运用自己的智慧影响顾客的思维,让顾客接受价格。一般来说,在与顾客进行交易时,会碰到进门直接问价钱、中途问价、一而再、再而三砍价的情况,那么,面对不同的情况,导购员应该有不同的处理方式。

(1)顾客初期来询价,不要直接回答他。导购员经常碰到顾客一进店铺就直接询问价格,并表示价格太贵的情况。其实,顾客进门并没有详细了解货品的情况而是直接询问价格,那么无论导购员回答多少钱,顾客都会随口答:太贵了!如果跟着顾客的引导走下去,导购员只能与顾客在价格上纠缠不休,从而错过介绍货品的机会。聪明的做法应该是顾客进门问价时,其焦点在价格上,导购员应转移顾客焦点,先体现价值再明确价格。

(2)顾客中期来砍价,一点一点来让价。顾客让卖家让价时,只要没有到达顾客的心理价位,不管卖家优惠多少钱,买家都会认为这个价格还有很多水分。即使买家把最低价格告诉顾客,顾客也不会相信,顾客只会相信自己一点一点砍下来的价格才是最低的价格。例如,在交易过程中顾客常说:"你这里要 2500元,其他店铺里跟你的翡翠颜色质地差不多的,只卖 1600 元。"此时,聪明的做法应该是导购员先表示实在无权亏本让价;其次假装痛下决心,给出低价;最后,让价幅度要小,要一步一步让价,不要大幅度让价,更不要一次到底。

(3)后期砍价堵退路,柳暗花明又一村。尽管面对的是老客户,导购员依然会碰到他们一而再、再而三砍价的情况,特别是经过长时间的僵持后,顾客常常表达出:"都谈了这么久了,就再便宜点吧,再少 200 块我就要了"或者是"我就带了 2000 元钱,你这个 2150 元,我没有更多的了,去掉零头吧"的想法,其目的还是为了砍价赌退路。

面对这样的情况,聪明的做法是导购员可以退步示弱,表现出"山穷水尽已无路"的态度。比如可以跟顾客说:"真的没有价格空间了""我们从来没有卖过这个价""你过来几次了,我能给你早给你了。"或者暗示同伴让价。正所谓"一个唱红脸、一个唱白脸"。顾客达不到自己的砍价目的,要么继续磨蹭,要么直接走人。这个时候如果店里有其他导购员,最好示意同伴上前挽回,让他做出少许让步,顾客会见好就收。正所谓柳暗花明又一村。最后,导购员得了便宜要卖乖,这样顾客才会感觉价格便宜。例如导购员可以说:"我们老板给你这么便宜,你回去得给我们宣传,再给我们带来几个顾客""这个价格你不能告诉别人"等。要让顾客感到"占到便宜的感觉"。这样做,不仅赚了顾客的钱,还让顾客心花怒放,心存感激,这才会达到"双赢"的目的。

四、一些实用的销售技巧

在销售过程中,导购员往往会遇到顾客表达出"翡翠价格太贵;今天不买,过几天再买"的想法;或者是价格已经到了底限,但顾客还在不停杀价的情景。例如,当顾客对导购员表达出"我先转转看"的想法时,导购员便回答到:"不要转了,你若诚心要买,我就给你便宜点"。这其实是一种错误的应对方法,"我就给你便宜一点"虽然能起到一定地挽留客户的作用,但是给客户讨价还价留下了伏笔,使接下来的销售人员陷入被动中。而事实上,顾客说"我先转转",这可能是一种心理战术,也可能是客户没有找到中意的货。导购员首先要判断的是顾客属于哪种情况,然后在针对性地进行引导。从该例子中可以看出,掌握一些实用的销售技巧,是获得成功营销的重要因素。

1. 学会进行封闭性问题的提问

在销售中,"买"是一件很敏感的字眼,因为有买卖就会有利润产生,让消费者联想到卖家挣了很多的钱,所谓买卖不同心。其次,导购员经常在与顾客交谈过程中,常询问顾客"是不是"这个问题,例如店员对一位正在挑选手镯的男顾客说:"这么漂亮的手镯买一个送给女朋友,是不是?"这其实是一种错误的做法。这无疑就是在提醒顾客"是"或者"不是"。如果顾客正处于买与不买之间犹豫,这种表达很有可能在提醒顾客"不是为女朋友购买的",最后,顾客就顺理成章不买了。此时,导购员应该学会封闭性问题的提问,尽量让顾客的回答是肯定的,假如顾客回答的都是肯定的话,那导购员的销售就基本能成功了。此时,若导购员对男顾客说:"送一个给您的女朋友,她会很高兴的,你说呢?",这样的提问将起到事半功倍的效果。

2. 扬长避短

挑毛病，是买家最喜欢的一招。作为卖家，当然要扬长避短。例如，要突出翡翠亮点，如色、水、工的充分体现，摆放时应将好的一面要朝向顾客，灯光的运用也有技巧，例如水头好的、棉少的翡翠可用透射光展示，同理，底托的颜色也有讲究，水头好、颜色好的用黑色底托更能吸引顾客的眼球。

3. 学会区分谁是购买者，谁是决策者

除了要了解顾客如何真正地做出购买决策外，导购员还应识别购买过程中的各种角色，如谁是决策者，谁是使用者，因为这些角色对于确定信息和安排促销预算是有关联意义的。例如，年轻夫妇一同来买首饰应以女方为主，而中年夫妇来买高档翡翠则多以男方为主。了解购买决策中的主要参与者和他们所起的作用，将有助于导购员妥善地协调营销计划。此外，在销售过程中尽力吸引决策者关注的同时也要善待影响者，因为他可能影响到销售的过程。例如，一家老小来买翡翠，一般是父母出钱，父母则是决策者，但其子女为影响者，子女的喜好和意见是非常重要的。导购员学会如何分辨决策者和影响者，会省去很多力气，让销售工作变得更加轻松自如。

4. 转移顾客对价格的关注

在销售过程中，常碰到因价格问题而出现交易僵持的现象。导购员已经把价格降低到了低线，但顾客还在拼命杀价，此时，大多数的导购员会回答到："价钱已经让到位了，再让就没钱挣了"，这其实是不太恰当的回答。直白而且对立的话语容易让导购员和顾客再次陷入到不肯退让的死胡同。顾客关心的总是价格，而优秀的导购员要强调的是产品的价值，要让顾客看到价值大于价格，感受到物超所值，顾客才不会一味地追求降价。

5. 销售过程中要注意促单

销售的过程需要讲究效率，在与顾客交谈到一定过程的时候要促单。有些顾客一再出现了购买信号却又犹豫不决、拿不定主意时，导购员可采用"二选其一"的技巧。例如，导购员可说："请问是这件春带彩的如意挂件还是平安扣呢？"这种"二选其一"的问话技巧，只要顾客选中一个，其实就是导购员在帮他拿主意。或者是导购员采取快刀斩乱麻的方式，对顾客说："我帮你打包吧"，帮助顾客下下决心购买，以此促进销售。

此外，对于即使有意购买但也不喜欢迅速签单的顾客，聪明的导购员也可以改变策略，暂时不谈下单的问题，转而热情地帮顾客挑选或者是对顾客适度的恭维与夸奖，使顾客虚荣心上升，给顾客以好感，利于冲动购买。

所谓商场如战场，翡翠的交易就是一场买家与卖家的心理战。出版的各种

教材里、视频中、网络的文章里提供给了我们太多的情景分析与应对技巧。然而,想要赢得这次战役,优秀的导购员还得在实战中锻炼一番才行。正所谓是"买家需要交一定的'学费'才能了解翡翠,卖家同样也需要交纳一定的学费才能经营好翡翠"。

1. 试着找出翡翠销售中 10 个让客人非买不可的理由。
2. 在翡翠交易过程中有哪些常见的客户类型,如何应对这些不同类型的顾客?
3. 请说一说在交易过程中,你最常采用的讨价还价的方法。